许静圆　毛艳萍　著

51天练就富人思维

图书在版编目（CIP）数据

财商魔力：51天练就富人思维 / 许静圆，毛艳萍著．—
广州：南方日报出版社，2018.6（2023.7 重印）
ISBN 978-7-5491-1821-2

Ⅰ．①财… Ⅱ．①许… ①毛… Ⅲ．①财务管理—通俗读物 Ⅳ．① TS976.15-49

中国版本图书馆 CIP 数据核字 (2018) 第 100951 号

CAISHANG MOLI

财商魔力

51 天练就富人思维

许静圆　毛艳萍　著

出 版 人：周山丹
策 划 人：柏沐芸　曾巧英
责任编辑：方　明　曹　星
责任技编：王　兰
责任校对：阮昌汉　裴晓倩
出版发行：南方日报出版社
地　　址：广州市广州大道中 289 号
经　　销：全国新华书店
印　　刷：长沙沐阳印刷有限公司
开　　本：710 mm × 1000mm　1/16
印　　张：12.75
字　　数：135 千字
版　　次：2018 年 6 月第 1 版
印　　次：2023 年 7 月第 5 次印刷
定　　价：50.00 元

投稿热线：（020）87360640　读者热线：（020）87363865
发现印装质量问题，影响阅读，请与承印厂联系调换。

推荐序

写书的关键一点是找到一个你热爱、熟悉和非常擅长的主题，和读者分享一些有价值的东西。金钱，或者说财产，对现代人的生存是必要的，它在我们的生活中占据重要的地位，但是我们当前的学校教育和家庭教育却很少涉及这一方面。因此，财商教育对于现代人来说是非常必要和有价值的。

财商，也叫“金融智商”（FQ，Financial Quotient），指认识、创造和管理财富的能力。主要包括两方面的能力：一是创造财富及认识财富倍增规律的能力（即价值观）；二是驾驭财富及应用财富的能力。“财商”一词最早是在《富爸爸，穷爸爸》一书中被提出来，我很早便读过这本书。作者罗伯特·清崎1994年实现财务自由，1997年出版了这本畅销书。这本书后来被翻译成33种文字在33个国家发行，并连续16年在经济类书籍畅销书排行榜中位列第一。为什么这本书这么畅销？因为作者以亲身经历的财富故事展示了“穷爸爸”和“富爸爸”截然不同的金钱观和财富观以及因此导致了怎样截然不同的财务命运；还有他自己受“富爸爸”的影响实现财务自由的过程，深刻展示了财商教育对于财务命运的影响。

在全球经济一体化背景下，“货币战争”愈演愈烈，当今世界的贫富差距越来越大，中国也不例外。丘吉尔说：“劫富不能济贫。”也就是说，解决贫富差距的问题，我们不能只寄望于把富人的钱捐给穷人。因为如果没有赚钱的本领，没有富人的思维，没有一个有钱人的脑袋，穷人只会因此更依赖于富人。

其实真正能解决这一问题的不是钱，而是知识，特别是财务的知识和财商的教育。《礼记》云：“建国君民，教学为先。”一个国家的繁荣富强需要教育，教育不只可以改变个人的命运，改变家庭的命运，还可以改变民族的命运、国家的命运。

授人以渔而非鱼。是给孩子鱼，还是给孩子捕鱼的本领？是把财富留给孩子，还是把孩子培养成懂得获取财富的人？答案是显而易见的。因此富人在家庭里从小教导孩子财商，教导孩子有关于金钱的运动规律。但是很多穷人不明白这个道理，比起财商教育，他们更关心职业的保障和安全感，从而更关心学术教育和职业教育，在他们看来，职业保障和福利比工作本身更重要。也因此，富人越来越富，穷人越来越穷，贫富差距也越来越大。

在知识经济时代，知识就是金钱，唯有不断地学习新知识才能让自己不断地成长。现在全球的游戏规则已经改变了，我们不能再用以前陈旧的思维方式来面对当前的社会。我们需要给自己安装富人思维，学会像富人一样思考。

许老师把多年在海内外学习的财商知识在本书中倾情地分享给大家，目的是帮助改善中国人的财务健康状况；目的是通过财商教育完成富民强国的使命；目的是为解决中国的贫富差距问题贡献一份力量。《财商魔力：51 天练就富人思维》这本书值得每个人认真研读。

林青贤

导言

很多人或许认为成为富人的人是因为运气好，出身好家庭，遇到大好环境，或者有才华；而穷人陷入财务困境是因为运气不好，刚好碰上了经济不景气，或是遇到了糟糕的合伙人，诸如此类。那为什么有些人没有良好的出身背景、突出的先天优势，却在自己的一生中取得了巨大的成就，成为了富人？为什么有些人身处优越的环境中，最终却一事无成，为金钱工作而度过了庸碌的一生？为什么有些人其他成就不俗却在财务方面一塌糊涂，成为了有才华的穷人？显然，运气、出身、天赋，这些不是富人和穷人的关键区别。

那他们的区别是什么呢？研究发现，其实，大部分的人都没有足够的内在能力去创造并守住大笔的财富，去面对各种伴随着金钱与成功而来的挑战。富人并没有比穷人更聪明，只是比穷人拥有更好的理财习惯。

富人很会管理他们的钱，而穷人则很会搞丢他们的钱。举个例子，在中国乃至全世界，暴发户并不少见，他们因为偶然的机遇得到或赚取了很多钱，人人称羡，但是他们中的很多人很快又被打回了原形。为什么？因为不是通过财务知识获得的财富很容易被搞丢，而且因为缺乏财务知识也很难恢复元气。再举一个例子，现任美国总统唐纳德·特朗普，大家应该都听过他的大名，他还有个身份是亿万富翁。他曾经破产，并且负债 9 个亿。但是仅仅两年后他的事业就比以前更成功。为什么？因为白手起家的人也许会破产，但是他们致富最重要的因素——富人思维，并不会因此而消失，所以他们能够东山再起。

所以富人和穷人的区别究竟在哪里呢？答案很简单，就在于他们是否拥有财务知识、拥有富人思维。

致富是有规律的，致富其实是一种心理游戏，条条道路通罗马。金钱并不能使我们富有，使我们富有的是知识。在当今的知识经济时代，最大的优势就是你接受了良好的财商教育，财商教育从来没有像今天这样对我们的生活产生如此深刻而广泛的影响！如果你的目标是致富，是实现财务自由和实现梦想，你找对地方了。

在这本书里，我会和大家分享富人致富的秘密，实现财务自由的策略，还有不为人知的财富秘密心理学。不管你当前的经济状况如何，你都可以按照书中写的去做到！因为财务知识不是一门深奥的科学，每个人都可以学会。我相信这本书会激励你掌控你的财富，掌控你的生活，进而创造你一直想要的理想生活，设计真正想要的人生。跟着这本书一步一个脚印地去做，你将会惊讶于你生活的改变。

这本书为那些每天很忙，没有时间仔细阅读冗长而复杂的金融理论的人提供了一个易于阅读和循序渐进的实用方法。

在书中我会分享全世界最简单有效的财富哲学和金钱管理策略。这套财富系统已经在各发达国家改变了数百万人的财务命运，我深信它能改变我的财务命运，同样也能改变你的财务命运！

此外，每天的财商分享中还有有趣的财商故事和财商感悟，让大家每天可以轻松快乐地学习。

人是习惯的动物，成功是一种习惯，成功会孕育成功。科学发现，我们人类建立一个习惯需要 7 天，养成一个习惯需要 21 天，而要巩固这个习惯，让这个习惯成为我们身体和生活的一部分，需要再加 30 天。每天给自己安装富人思维的过程，就像是将一滴清水滴入一杯浑水，结果虽然还是浑水，但是如果坚持每天滴一滴，终有一天，这杯浑水会变成清水。从今天开始，快乐坚持 51 天，你会成功地给自己安装富人思维！你会成功地给自己换一个有钱人的脑袋！

为什么只有 5% 的人能真正成为富人？因为 95% 的人都想成为富人，但是只有那 5% 的人真正采取了行动！从现在开始行动吧！你的人生将从此不一样！

许静圆

开篇一测

测测你是否具备富人的特质

致富，是一场心理游戏！

你是富人吗？你以后会成为富人吗？认清你内心的财富蓝图，修改你的思维，就能拥有富裕而自由的人生。

第 1 关 〈拾金不昧〉 如果在地上看到一枚 1 元硬币，你会怎么做？

A. 捡起来放在口袋里，但是怀疑这 1 元钱能干什么。

B. 捡起来，并且对上天带来的幸运充满感激。

C. 视若无睹地走过去。

第 2 关 〈近朱者赤〉 选出你大部分朋友的财务状态。

A. 我大部分的朋友都比我穷。

B. 我的朋友们财务状态都跟我差不多。

C. 我有钱的朋友还真不少。

第3关 〈飞来好运〉 如果今天公司突然给了你一大笔出乎你意料的奖金，你会怎么想？

A. 这一切都是我应得的。

B. 哇！真是天下掉下来的好运呀！

C. 这可不能让别人知道，免得遭人眼红。

第4关 〈骆驼针眼〉 关于财富与道德，你相信下面哪一种说法？

A. 有钱人都是不道德的。

B. 人要变得有钱才有机会去帮助更多的人。

C. 有没有钱与有没有道德一点关系都没有。

第5关 〈大言不惭〉 在电视上看到有钱人畅谈赚钱之道，你有什么感觉？

A. 有钱人讲的都是不切实际的外交辞令。

B. 干得好，你应该拿更多钱。

C. 这些有钱的混蛋真讨厌。

第6关 〈鱼与熊掌〉 你对于工作与玩乐的概念比较倾向下列何者？

A. 工作与玩乐是不可兼得的，总得要先解决温饱，再想玩乐。

B. 工作与玩乐是鱼与熊掌不可兼得，但是偶尔吃一小片熊掌无妨。

C. 工作与玩乐可以兼得，这并非互相排斥的选项。

第 7 关 〈有朝一日〉 说到金钱管理，你当下第一个想法是什么？

A. 等我有钱了，我自然就会理财。

B. 不管有钱还是没钱，我都要开始学习理财。

C. 理财会限制我的自由，束缚我的生活。

评分规则：

	A	B	C
1.	3 分	5 分	1 分
2.	1 分	3 分	5 分
3.	5 分	3 分	1 分
4.	1 分	5 分	3 分
5.	3 分	5 分	1 分
6.	1 分	3 分	5 分
7.	3 分	5 分	1 分

测试解析：

28 分以上 恭喜你！你拥有富人思维。

你相信自己会成功，而且你也真的会成功。对你而言生活充满了惊奇与喜悦，你不只享受到金钱带来的各种快乐，而且精神也绝对不匮乏。

阅读本书，可以让你更多地去思索和检视自己的信念，并且了解更多的真正精神与物质富裕的人的核心思考。

22 分～27 分 吃不饱饿不死是你的写照。

虽然有时候看到有钱人会觉得略感羡慕，但总觉得那是别人的幸运。况且现在的生活虽不满意，却勉强可以接受，何必费心费力去冒险？

其实让自己的财富更上一层楼绝非不道德，也没有你想象中的困难。阅读本书，稍稍调整一下你对金钱的概念，就可以让你在金钱的运用上更加充裕。

21 分以下　哎呀！你的财务状况该小心喽！

你每天努力工作得像条狗，却总是留不住钱。你听过“财商”这个词，却从来没有体会过它的力量。

虽然你嘴上嚷着想发财，但是你的思考模式出了问题。赶快打开本书，开始认真阅读和践行！

目录

富有是一种选择，我选择富有

决定未来的是你今天所做的一切，而不是明天。

——罗伯特·清崎

为什么富人越来越富，穷人越来越穷，中产阶级总是在债务的泥潭里面挣扎？为什么世界上有不少有才华的穷人？这是因为我们绝大部分人从来没有接受过有关财商方面的教育。金钱是一种力量，但更有力量的是有关财务的知识和财商的教育。

致富是一门科学，富有是一种选择，你可以选择成为穷人、中产阶级或者是富人。但是究竟是什么在决定着我们的选择？是命中注定的吗？非也，我命由我不由天。选择不一样是因为观念不一样，思维方式不一样。为什么富人和穷人想的不一样？因为二者接受的财商教育不一样，父母从小给二者灌输的金钱观念不一样。

穷人和富人都相信教育的力量，但是在教育孩子的方式上却存在着很大的差别。

许多父母常对孩子说："在学校里要好好学习，然后取得一个好成绩，考上一个好的大学，长大后就可以找到一份好的稳定的工作，最好在政府里面工作，这样老了政府还会养你。"接受这样教育的孩子，他们可能会以优异的成绩毕业，同时也秉承了父母的理财方式和思维观念——将自我价值局限于自身，追求安稳。要知道，孩子天生就是一张白纸，颜色都是父母涂上去的。

而富人的家庭却会告诉孩子："好好读书，全力以赴的同时还要学好财商，认识金钱的运动规律，搞好人际关系，培养领导能力、社交与演说能力等综合生存能力，以后可以更好地服务社会，为更多人排忧解难。因为，企业家就是帮助社会解决问题的人！"接受这样教育的孩子，从小的自我价值是强大的，内心是富足的，他们坚信自己以后会是一个伟大的企业家或者行业领袖。

穷人总是说"我可付不起"这样的话，而富人则说："我怎样才能付得起呢？"这两句话，一个是陈述句，另一个是疑问句，一个让你放弃，而另一个则促使你去想办法。

穷人总是说"我对钱不感兴趣"或"钱对我来说不重要"，富人则说"金钱就是力量"。当你认为钱没那么重要的时候，钱怎么会留在你的身边呢？

在财商能量营里总有学员会问这类问题：我是要选择亲密的家庭关系呢，还是选择赚钱？我是要选择健康呢，还是选择赚钱？我是要选择自己喜欢做的工作呢，还是选择赚钱？我是要选择内心的平和呢，还是选择赚钱？我是要选择良好的人际关系呢，还是选择赚钱？其实，富人相信鱼和熊掌可以兼得，他们想着“如何两个都要”，而穷人却想着“如何二选一”。

富有是一种选择，从现在开始采取“两个都要”的思考方法，并创造条件让自己真正做到吧。

宣言

只要有梦想，就有希望。
只要目标还在，路就不会消失。
富有是一种选择，我选择富有！

一罐果酱

记得有一年，我丢了工作。在那之前，父亲所在的工厂倒闭，我们全家就只靠妈妈为别人做衣服的收入生活。

有一次妈妈病了几周，没法干活。因为没钱付电费，家里被电力公司停了电，然后被煤气公司停了煤气。最后，要不是因为健康部门为了公共卫生的原因制止了自来水公司，我家就会连水也没有了。家里的食品柜空空如也，幸亏我家有个小菜园，我们只好在后院生起柴火煮菜充饥。

一天，妹妹放学回家，兴冲冲地说："我们明天要带些东西到学校去，捐给穷人，帮助他们渡过难关。"妈妈正要脱口而出："我不知道还有比我们更穷的人！"当时外婆正和我们住在一起，她赶紧拉住妈妈的手臂，皱皱眉，示意她不要这么说。

"伊瓦，"外婆说，"如果你让孩子从小就把自己当成一个'穷人'，她一辈子都会是个'穷人'。她会永远等待别人的帮助，这样的人怎么能振作起来，怎么能当上'富人'呢？咱们不是还有一罐自家做的果酱吗？让她拿去。一个人只要还有力量帮助别人，他就是富有的。"外婆不知从哪里找来一张软纸和一段粉红色的丝带，把我家最后一罐果酱精心包好。第二天，妹妹欢快而自豪地带着礼物去帮助"穷人"了。

直到今天，拥有3家酒店的妹妹仍然记得那罐果酱。无论是在公司里，还是在社区里，一看到有人需要帮助，妹妹总认为自己应该是"送果酱"的人。

感悟

富有是一种选择，身份法则很重要，不要把自己定义为穷人。从今天起我不再是一个永远需要被帮助的人，而是一个有力量去帮助别人的富人！

清晰认识财务自由

天下熙熙，皆为利来；天下攘攘，皆为利往。

——司马迁

什么是财务自由？财务自由是指你已经赚到了足够的非工资收入去支付你渴望的生活方式，即非工资收入大于总支出。

有位年轻的中产人士说他的人生是黑色的人生。为了生计，为了饭碗，不论在哪里工作，他都常常被迫去做自己不愿意做的愚蠢的事情。而且，一旦经济危机出现，辛辛苦苦赚来的一点积蓄，常常缩水，甚至化为乌有。

所谓的中产人士主要来自工薪族。工薪族的特点是，工作一天才有一天的收入，不工作就没有收入。他们常常上有老下有小，为了谋生不得不辛勤工作。

财商精神领袖富勒博士曾经说过："财富是你停止工作后，无须家人或者他人给予你金钱的情况下，能保持原有生活标准存活的天数。"所以财富应该用什么去衡量呢？时间。我们每人每天的时间都是一样的，时间也是我们最重要的资产。如果你拥有了财务上的自由，你就可以用金钱购买别人的时间，请专业的人替你完成一些具体事务，而不必事事亲力亲为，从而拥有时间上的自由，可以有更多时间陪伴家人和孩子，享受亲密的家庭关系。更重要的是，你可以开始去做你喜欢做的你认为更加有意义的事情，去设计一个更加值得拥有的人生，从而拥有心灵上的自由。财务自由就是这样一个富而有爱、富中之富的状态。

对财务自由的看法背后隐含着对金钱的看法。认为钱是个坏东西、对创造财富有心理障碍的人是不会实现财务自由的。靠当忠诚的守财奴是难以实现财务自由的。因为守财奴是金钱的奴隶，而实现财务自由是为了让金钱做你的奴隶。你必须在意钱，但又必须对钱很大度。享有财务自由是一种快乐，追求财务自由也是一种快乐。最好的情形是，人们可以自由地挣钱，自由地攒钱，自由地捐钱，自由地打发钱。

争取财务自由，就是从无到有、不断增加非工资收入。非工资收入通常来自股票（股份）、债券、基金等金融工具以及土地、房产、版权等。争取财务自由的过程就是主动地创造非工资收入、把主动收入的结余通过正确的投资转化为非工资收入的过程。所以，没有非工资收入，就没有财务自由。有财务自由的人，让钱为他们辛勤工作；没有财务自由的人，辛勤为钱工作。

可以预见，对财务自由的追求将越来越流行，亿万中产人士对此都梦寐以求！而财商能量课程最重要的核心就是帮助学员：充分理解金钱与财富的真实意义，理清一条可以发挥自己天赋的途径，并能创造出一种充满富足喜悦的自在生活方式。

宣言

富人不为金钱工作，富人学习如何让金钱为自己工作。

我拥有了财务上的自由，我工作是因为我选择，而不是一定要。

我拥有了财务上的自由，我在设计一个真正值得拥有的人生！

猴子的启示

非洲和亚洲的土著猎人为了捕捉猴子，发明出了一套沿用了数千年的方法：先找个与猴爪大小相似的树洞，再往里面放入水果、坚果等食物。如果有猴子经过，发现了树洞里的食物，它们就会伸手去抓。然而，抓满了食物的猴爪这时就会被卡在洞口。通常情况下，猴子都不会松手，而是选择左拧右拽地使劲儿。等到猎人回来，就能不费吹灰之力地捉住作茧自缚的猴子。

感悟

在这一点上，穷人和猴子并没有太大的不同。猴子不肯放开的是水果、坚果，而穷人不肯放手的是稳定的工作、家当和金钱。穷人就像被自己困住的猴子那样，终身为他人工作，为他们赚取利润、缴纳税款。当我们没有金钱聪明的时候，我们会沦为金钱的奴隶；当我们比金钱更聪明的时候，我们才能转身变成金钱的主人。

设定目标并写下来

真正的读书使瞌睡者醒来，给未定目标者选择适当的目标。正当的书籍指示人以正道，使其避免误入歧途。

——卡耐基

创造财富的第一步就是要设定目标并写下来！生命中所发生的一切，都与你的目标相关联！成功就是达成最有价值的目标！在你人生的不同领域有不同的目标，比如健康上、事业上、关系上、经济上、信仰上、家庭上、娱乐上等。写下你想要拥有的和你想要避开的。想明白三个问题：你有什么？你要什么？你能放弃什么？

例如，你不想再居住在小房子里，因为在你小的时候，你和你的家人曾在小单元里有过不愉快的居住经历，而且你也不希望你现在的家庭再次经历这样的不愉快。这是你的目标，你不惜付出任何代价都想要避开它。

然后你需要写下拥有一个大房子的理智目标。这个目标要是明确的、可衡量的、现实的、有时间限制的。例如，拥有一个内设5间卧室、一个游泳池和一个迷你剧院的一栋海景别墅，具体到哪一年实现。

你生命中所发生的一切，都是你吸引来的。向宇宙下订单，清晰会带来力量！

现在就立刻写下你的目标（包含长期的和短期的）！除非你已写好你的目标，否则不要进入第2天。大部分人没有得到生命中理想的成果，是因为他们不知道自己真正想要什么！大部分人没办法得到他们想要的东西，是因为他们不知道自己为什么要！只有白纸黑字地写下来，你的潜意识才会意识到，这下是玩真的了。

当你把目标设定完毕，你已经在达成的路上了！你的目标会决定你吸收资讯的速度跟成长的速度。只要目标还在，路就不会消失！

宣言

清晰会带来力量。想法越清晰，吸引力越强。
我的目标会决定我吸收资讯的速度跟成长的速度。
成功就是达成每日最有价值的目标！

目标的力量

1952 年 7 月 4 日清晨，加利福尼亚海岸起了浓雾。在海岸以西 21 英里的卡塔林纳岛上，一个 43 岁的女人费罗伦丝准备从这里游向加州海岸。

那天早晨，雾很大，海水冻得她身体发麻，她几乎看不到护送她的船。时间一个小时一个小时地过去，千千万万人在电视上看着。有几次，鲨鱼靠近她了，被人开枪吓跑了。而她继续在游。在以往这类渡海游泳中她面临的最大问题不是疲劳，而是刺骨的水温。

15 小时之后，她又累，又冻得发麻。她知道自己不能再游了，就叫人拉她上船。她的母亲和教练在另一条船上。他们都告诉她海岸很近了，叫她不要放弃。但她朝加州海岸的方向望去，除了浓雾什么也看不到。

几十分钟之后，人们把她拉上船。又过了几个钟头，她渐渐觉得暖和了，这时却开始感到失败的打击，她不假思索地对记者说："说实在的，我不是为自己找借口，如果当时我能看见陆地，也许我能坚持下来。"人们拉她上船的地点，离加州海岸只有半英里！后来她说，令她半途而废的不是疲劳，也不是寒冷，而是因为她在浓雾中看不到目标。费罗伦丝一生中就只有这一次没有坚持到底。

两个月之后，她成功地游过同一个海峡。她不但是第一位游过卡塔林纳海峡的女性，而且比男子的纪录还快了大约两个小时。

感悟

目标越清晰，越有力量。费罗伦丝虽然是个游泳好手，但也需要看见目标，才能鼓足干劲完成她有能力完成的任务。

树立更大的目标，大胆地想

我喜欢大胆地想。如果你能以任何方式思考，你同样也能大胆去想，去拥有！

——唐纳德·特朗普

如果你已写下你的目标，你的目标伟大而令人兴奋吗？如果不是，请重新设定你的目标，而且要让你的目标伟大而令人兴奋。你或许会问：为什么？因为如果你的目标太小，你将不会足够兴奋和热情地想要去实现它。因此，永远要把目标定高些，永远要设定让自己有感觉的、热血沸腾的目标。例如，你想要拥有财产，那就告诉你自己要设定拥有100份财产的目标。为什么？因为如果你全力以赴了，即使你没有实现90%（90份财产）的目标，你或许还能拥有10份在你名下的财产。

如果你的人生目标是成为千万富翁，那么你或许会成为一个百万富翁。如果你的目标是远处的星星，那么你至少会射中月亮。富人想大的做大的，自然就拥有了财富和人生的意义；穷人只敢有小的目标，自我价值也不足，自然也难以有大的成就。梦想越大，行动越大。

所以，重新审视你的目标吧！目标要大要高而且要令你想着都兴奋。把令你兴奋的事写下来，不断地去观想你理想情景实现时的幸福的清晰的画面。感觉要好！增加对事物的渴望和感觉。一旦你真正主宰你的思想和感觉，你就是你自己现实的创造者！

大多数人高估了他们在一年内能做的事情，而低估了他们在十年里能做的事情。人因梦想而伟大！只要你敢做梦，并有足够的渴望，你就能实现它！你渴望的程度是能力唯一的限制。千万不要让别人偷走你的梦想。事实上，你比你想象的更伟大，只要你的梦想足够大，障碍就会变小。在事件过程中，抱最大的希望，做最坏的打算，从结果中学习，并且每天激励自己。把目标和梦想录音，每天早晚放给自己听，这样就没有人会偷走你的梦想。记住，梦想不只是用来实现的，更是用来滋养自己的心灵启航和飞翔的。激励的效果其实无法持久，就像沐浴的舒爽一样短暂，但正因如此，我们才每天需要它！

宣言

梦想越大，行动越大。

我大胆地观想并追逐我渴望的梦想。

我渴望的程度是能力唯一的限制。

唯有不可思议的目标，才能创造不可思议的结果。

空地上的橡木

一个小男孩跟随他的祖父与伐木工人一起去山中砍伐橡木，等到伐木任务完成后，小男孩发现了一个奇怪的现象：人们并非将所有的橡木都砍伐掉，时常留下几棵笔直的橡木在空地上，而留下的几棵橡木往往是所有橡木中长得最高最大的。

于是小男孩便问最有经验的祖父。祖父告诉他：人们留下这几棵长得最好的橡木，是为了让它们在没有橡木群体遮掩的情况下，独自承受恶劣天气的考验，形成更为坚韧的木材。它们将来会被用来制作更加高档的家具。

感悟

小男孩从祖父的话中获得了一个对自己一生极为有用的真理：橡木要成为上好的木材，就要久历风雪；人如果要做人群中的强者，担当真正的重任，就必须承受常人难以承受的磨难。这种信念指引着小男孩成为一位成功的非凡人物。他就是美国钢铁大王安德鲁·卡耐基。

第 5 天

感恩的心离财富最近

感恩的心态是幸福的源泉。天佑感恩之心，助别人就是帮助你自己，在地球上最强的武器就是爱与祈祷。

——约翰·邓普顿（全球投资之父）

感恩会吸引财富，抱怨会吸引贫穷。感恩是梦想成真的力量，列下我们的目标，当成已经实现了去感恩！

专注于你生命中为之感恩的东西，常怀感恩之心，感激你所拥有的。感恩你今早醒来和那之后发生的，一切都是福报，一切都是最好的安排。有一些人今早未能从床上醒来，但你做到了，所以请感恩吧！感恩是一种习惯。感恩好事，就会吸引好事。如果在生活中，你对一些小的好事常怀感恩，你将会吸引更多更大更好的事情进入到你的生活中。

面临经济压力时，如果你对待金钱持焦虑、妒忌、失望、沮丧、怀疑或是恐惧的情绪，是不可能让你的经济状况好转的，因为这些情绪和认为自己不富裕的念头之所以产生，皆因你对所拥有的金钱缺少感恩。

如果有人送你一个小礼物，而你非常感激并且很感谢他，那个人将感觉很好，进而想要给你更多。但是如果你抱怨这个礼物不够好，很可能那个人不会再想要送礼物给你。如果你不懂得珍惜拥有，你不会得到更多。因为上天会认为那些对你不重要，你不需要更多的东西。所以现在就开始庆祝和感恩你所拥有的财富吧！

我们自有生命的那刻起，便沉浸在恩惠的海洋里。滴水之恩，涌泉相报。心存感恩，知足惜福，我们跟财富、跟他人、跟社会的关系才会变得和谐亲密，我们自身也会因此变得愉快而健康。落叶归根，那是在感恩泥土的栽培；乳羊跪母，那是在感恩母羊的哺育。父母的养育之恩，老师的教育之恩，朋友的关照之恩，都需要我们用生命去珍爱，用至诚的心灵去感谢，用实际的行动去回报。

感恩是生活中的大智慧，是一种处世哲学，也是一种歌唱生活的方式，它来自对生活的爱和希望。感恩是一种美好的情感，是事业上的加油站和驱动力，是人的高贵之所在。感恩是财富的能量，一个懂得感恩并知恩图报的人，才是天底下最富有的人。怀有感恩之心，对别人、对环境就会少一份挑剔，多一份欣赏和感激。常怀感恩之心，我们便能够生活在一个幸福的充满爱的感恩的世界里。

感恩练习：列举你现在生活中让你感激的10个人或10件事。选择一项，描述你感激的原因，并描述这个人或这件事给你带来的感觉。

宣言

我对日常生活中拥有和得到的一切，

心怀快乐和感恩之心。

感谢我一生中所获得的所有金钱。

我对现在所拥有的金钱感恩不已。

他真正想要什么?

有一个富翁，一个人住着一栋豪宅。年纪大了，想回到老家居住，与其他老人一起打打牌，下下棋，心灵上有个伴。

于是他想把这栋豪宅卖掉。很多有钱人都看上了这栋豪宅，来看的、报价的络绎不绝。

有一天，一个年轻人来看房，看完房子后连连称赞。富翁问他："你决定要购买吗？你想出多少价钱？"

年轻人对老人家说："是的，我很想购买，但是我只有1000英镑。"

富翁心想：那我怎么可能卖给你?

年轻人思考了一会儿，跟富翁说："我真的决定要购买，我们能商量另一个购买方案吗？"

富翁说："你说说你的方案。"

年轻人说："我愿意把我的1000英镑都给你，你把房子卖给我。同时，我想邀请你一起居住在这个房子里。你不需要搬出去。而我，会把你当爷爷一样看待，照顾你，陪伴你。"

年轻人接着说："你把房子卖给其他人，你得到的只是一些钱，而钱对你来说已经可有可无，你足够富有。你把房子卖给我，你将收获的是愉悦的晚年，一个孝顺的孙子，一家人其乐融融的温情。将来我还要你见证我的婚礼，见证我的宝宝出生，让他陪着你，逗着你笑。你可以选择获得一些可有可无的钱,也可以选择获得一个温情无比的家,一个快乐的晚年。"

3天后，富翁把房子卖给了这个年轻人，他们快乐地生活在一起!

感悟

你的客户真正想要的是什么呢？读懂客户的内心，你才能走近客户。用心与客户交往，与客户成为"知音"，你才能轻松与客户保持关系，客户也愿意在你这里消费!

金钱观念决定财务命运

你的人生形成于你做决定的那一刻。

——安东尼·罗宾

成功的最大障碍，不是别人，而是你自己。思想决定命运。如果你能够改变观念，你就能改变命运。你的思想决定你的感觉和要说的话，这将导致你的行动。长时间采取相同的行动后，你将形成一种或多种习惯，这些将塑造你的性格，而你塑造的性格将决定你的命运。

消极的想法会导致消极的命运。同样的，受限的想法也将导致受限的收入。

我自己的一个肯定的想法是：金钱会轻松自在地到我身边来。赚钱是有规律的，赚钱是可以很轻松的。我的思想和潜意识是知道的。但是，如果你从小被灌输“金钱是很难赚取的，赚钱是很辛苦很累的，金钱是匮乏而且不可多得的”这种观念，那么这种观念就会在你的生活中变成现实。消极的金钱观会产生金钱负荷，阻碍你致富。因此，如果你想要改变你目前的经济状况，你就必须改变这种观念。

思考致富！事实上，你的性格、思想和信念，决定了你的成就能有多高。成功的关键在于改变金钱观念，而改变金钱观念就是在提升你的能量。当你的财富能量提升了，你就是一块能吸引金钱的磁铁，财富自然会被你吸引。

请不要思考，迅速回答下面的问题：

1. 金钱是什么？

2. 有钱人是什么？

3. 金钱让你产生什么感觉？

4. 金钱不是什么？

5. 金钱的核心是什么？

6. 拥有很多钱是什么？

7. 没有很多钱是什么？

8. 我有钱是什么？

9. 有财富是什么？

10. 变成真正的有钱人是什么？

11. 真正的钱是什么？

12. 真正有钱、非常有钱是什么？

13. 非常有财富是什么？

14. 我想要非常多的钱是为了什么？

15. 我愿意做什么让我拥有非常多的钱？

16. 我拥有足够的财富是什么？

觉察你对以上问题的感受，是赋予能量还是降低能量。

如果你认为钱是一把双刃剑，你就会对钱产生恐惧，那么你该好好想想产生这个信念背后真正的意义是什么，背后的故事又是什么。信念不好，产生对钱的感觉就会不好。对钱的感受改变了，你才会想到更多的方法去赚更多的钱。安东尼·罗宾说过："80%的成功来自于心理，20%来自于外在的技能。"你对钱的看法、对钱的定义、对钱产生的意义、对钱的感受、对钱的信念、对钱的情绪不同，你所拥有的财富也会不同。很多人因为对钱的感受不好，定义不好，前期赚了很多钱，但之后又没了。改变对钱的感受和定义，你就能改变你的人生。

宣言

我将不断努力直到我取得巨大的成功。

我相信我有创造财富和成功的能力。

如果我能改变观念，我就能改变命运！

我会成为下一个比尔·盖茨

5岁时，汉普森最想要的生日礼物是台收款机。8岁时，还是小学生的汉普森就在学校里经营一个糖果贩卖机。

2007年，15岁的汉普森在一个星期内帮朋友卖掉一窝小狗，共获利1200美元。

这次偶然的机会，让他发现了“金矿”。于是，还在上高中的汉普森当上了幼犬买卖中介人：收购和销售幼犬。其中大部分在网上完成，他的网站也成了著名的犬类育种网站之一。后来，生意做大了，他还雇了两位员工：53岁的母亲芭芭拉负责接听电话，21岁的姐姐负责打扫狗笼。

第二年，汉普森的公司有望盈利7万美元。不过，他并不满足，希望扩大生意，包括卖外国狗及狗服饰等。他说：“有一天，我会成为下一个比尔·盖茨。”

感悟

每个人都有自己的梦想，但是敢于真操实干的人往往很少。财富往往就在我们身边。富人并没有比穷人更聪明，富人也没有比穷人知道得更多，只是富人采取了必要的行动！

做你所爱，爱你所做

热爱你正做的一切，否则你不会取得成功。

——卡耐基

成功还有一个最重要的秘诀就是：你现在做的事就是你喜欢的。也就是做你所爱，爱你所做。不管是穷人、中产阶级还是富人都是如此。因为只有你喜欢了，才会全身心地投入。一旦你全力以赴去致富，整个宇宙都会帮助你，指引你，支持你，甚至为你创造奇迹。

有一次，记者问爱因斯坦：“你的成功是否是因为你的天赋？”爱因斯坦风趣地说：“有天赋的人很多，而成功关键看你对从事的事业的热爱与勤奋。”热爱，喜欢的另一种表达而已。你可能贫穷也可能富有，你可能平凡也可能伟大，你可能失败也可能成功，而所有这些都不是决定你能否幸福的关键。换句话说，不管你是腰缠万贯还是勉强糊口，不管你是达官显贵还是普通民众，只要你找准了自己的位置，只要你所做的是你所喜欢的，你就会全身心地投入，你就会体悟到其中的乐趣，而这不仅会使你走向成功，还会使你获得幸福。当你擅长你热爱做的事，而且你热爱做的事有助于改善人们的生活，人们将愿意为你的服务买单。第一次做可以免费，然后从获利人中获得客户评价。从那时起，你可以收取少量费用，然后随着你经验的增长和技能的提升，你可以从中逐渐地增加费用，并让人们付的钱物有所值。

我喜欢研究各种投资，当我在投资上犯错、投资失败的时候，我不断地反思：我经历的这一切有什么意义？答案是，我可以分享我的经验来帮助人们更好地管理他们的金钱，以避免犯同样的错误。我同时也发现许多人都想实现财务自由，所以我决定将我全部的财商知识都教给人们。因为经历的速度和体验的速度会决定人成长的速度。所以我通过沙盘游戏模拟现实，让人们快速体验商业，把错误犯在游戏里，而不是现实中。

如何激发内在的激情呢？你可以问自己以下三个问题：

我喜欢做什么？

什么能给我带来愉悦？

如果我知道我不能失败，我将会怎么做？

我对以上问题的回答都是一样的：提升中国人的财商，改善中国人的财务健康状况，缩小中国的贫富差距，富民强国！

找到你热爱的事去做，或热爱现在你所做的事，你就会变得更富有。关键是要想清楚自己要什么，目标明确就是力量。很多人得不到他们想要的东西，最重要的原因是他们不知道自己想要什么。富人从不会向上天传达含糊的讯息，而穷人却会这么做。

宣言

我是独一无二的我：特别的、有创造力的和卓越的。

热爱我所做的事，我就会变得更富有！

情侣苹果

有一年元旦，山东大学门口，一位老太太守着两大筐苹果叫卖，因为天很冷，问的人很少。恰巧一位刚刚开完市场营销讲座的教授路过，见此情形，就上前与老太太商量几句，然后走到附近商店买来节日用的红彩带，并与老太太一起将苹果两两一扎，接着高声叫道：“情侣苹果哟！五元一对！”经过的情侣们都觉得新鲜，用红彩带扎在一起的一对苹果看起来的确很有情趣，因而很多人都买。不大一会儿，苹果就全部卖光了。老太太对教授感激不尽。

感悟

教授对人群进行了市场细分，发现占比例很大的成双成对的校园情侣将是苹果最大的需求市场。对产品的定位上，用红彩带两个一扎，唤为“情侣苹果”，对情侣非常具有吸引力，即使在苹果不好销的大冷天也高价畅销了。市场营销即首先分清众多细分市场之间的差别，再从中选择一个或几个细分市场，针对这几个细分市场开发产品并制定营销组合。

在热衷的领域成为专家

任何人只要专注于一个领域，5年可以成为专家，10年可以成为权威，15年就可以成为世界顶尖！

——博恩·崔西

在热衷的领域成为专家。为了实现这个目标，你可以做的就是一天花三个小时在你热衷的领域研究和提高你的技能，10年后，你将成为这个领域的专家。若你想用一半的时间达到相同的结果，那一天内就用两倍的时间来认真勤劳工作，每一天都如此。坚持是通向成功的钥匙。

我的目标是成为世界顶级的财商训练导师，全面改善中国人的财务健康状况。在过去的10年里，我将上百万的钱投资在了参加这一领域的各种重要国际研讨会和购买相关书籍上。比如，2009年我在新加坡开始接受《富爸爸，穷爸爸》作者、世界第一财商教育专家罗伯特·清崎及富爸爸团队的专业辅导训练。此外，我还接受了世界顶级商业教练哈维·艾克、世界第一成功导师安东尼·罗宾、世界销售之神汤姆·霍普金、英国维珍集团董事长理查德·布兰森以及《富爸爸冠军销售》作者、唐纳德·特朗普的商业教练布莱尔·辛格等几十位亿万富翁导师的专业训练。我从这些世界大师身上学到了很多。巴菲特说："最好的投资就是投资自己，这也是所有投资中回报率最高的！"如果你认为教育很贵，那就尝试一下无知的代价吧！

在你热衷的领域成为专家的第一步就是保持开阔的眼界和向成功的人学习。为了学习，你需要有个开阔的眼界。不幸的是，大多数人不能放下自我去改变他们的方式并且向他人学习。我的建议是离这样的人远一点。如果他们认为向大师学习不需要支付任何费用，我将邀请他们看看他们最终的结果会是什么，因为结果不会骗人。但是，如果你没有时间和金钱去学习，那就通过观察和做不同的事情开始吧。此外，你还要花时间和精力来学习财商知识，学习金钱、商业和投资。

诺贝尔和平奖得主曼德拉说："每个人都可超越他们的环境并取得成功，如果他们专注并热爱他们所做的事。"所以，要成功就要立志成为你那一行的顶尖人物。想要获得最好的报酬，你就得做到最好。任何事情只要值得去做，就要全力以赴，追求卓越。

宣言

富人都是各自领域里的佼佼者。

没有尽力而为，只有全力以赴。

任何事情只要值得去做就一定要全力以赴，追求卓越！

“便捷”还是“诱惑”？

我们旅行到乡间，看到一位老农把喂牛的草料铲到一间小茅屋的屋檐上，不免感到稀奇，于是就问道：

“老公公，你为什么不把喂牛的草放在地上，方便它吃？”

老农说：“这种草草质不好，我要是放在地上它就不屑一顾，但是我放到让它勉强才能够得着的屋檐上，它就会努力去吃，直到把全部草料吃个精光。”

感悟

容易得到的，也会随手扔掉。太难得到的，有些人争取一会儿就放弃了。只有努力后勉强能得到的，意外得到的，人们才会感到惊喜，倍感珍惜。

承担个人责任

你必须承担个人责任。你不能改变环境、季节和风向，但是你可以改变自己，那是你能够掌握的。

——吉米·罗恩（商业哲学家）

勇于为你生活中的各种结果承担责任。如果对于发生在生活中的好事，你喜欢承担起责任，那为什么对于坏事、丑事就不能承担起责任呢？我们应当既享受好的结果，也在坏结果中吸取经验。责任的英文是 responsibility，包含了 response（反应）和 ability（能力）两个单词，可以理解为：对事情做出反应的能力。所以，责任越大，能力也会越大。

许多人逃避责任，这也是他们穷困的原因之一。当你开始把责任推给他人，为自己寻找借口或者作辩护，你实际上在流失你的能量。许多人在破产的时候，都想要责怪政府、经济环境、父母、老师、配偶或者其他人。如果他们真这么做了，他们将变得非常痛苦，为自己的无能为力自顾自怜，因为他们把自己的力量禁锢在了无法改变的外在环境上。富人愿意承担责任，这是他们富有的秘诀。只有勇于承担，才能承担更多，才能成就富裕的人生。

许多失败者喜欢为自己辩护，他们会说当时的经济环境太糟糕，很多人都已经破产，因此自己破产了也是合乎情理的。正确的态度应该是，承认造成失败的原因是自己而不是动荡的经济，并且勇于承担起责任。如果将破产责任归咎于当时的经济环境，那为什么有的人的资产在经济衰退时仍能茁壮成长？当我们承认自己的错误时，就放下了自我并且意识到我们需要更多的学习。

因此，如果事情需要改变，首先我必须改变！所以要勇于承担责任，承认自己犯下的错误，然后从错误中吸取教训。

永远要记得，当一扇门关闭了，还有另一扇门仍然为你敞开。如果你对关闭的门死守不放，那你永远找不到新门。

富有是一种责任。如果你有条件致富，你就有责任做到。因为一旦你成为富人，你就能帮助更多的人。想要控制好自己的财务，主导自己的人生，你就需要为自己的人生负起更多的责任。而要负起更多的财务责任相应的是需要更多的财商知识。知识就是力量，知识改变命运！

宣言

为了自己的幸福生活我每天都勇于承担责任。

我为我自己以及我做的选择和决定承担所有的责任。

船夫和哲学家

一位哲学家乘船出海，一路上的风景很是迷人，可是这些都不能引起他的兴趣，他总觉得很无聊。于是，他便与船夫聊了起来。不一会儿，哲学家就有点儿不高兴了，因为他觉得船夫实在是很无知，好像小学都没毕业似的，什么都不懂。于是他问道："你懂哲学吗？"船夫说："我不懂。"哲学家用很惋惜的口吻说道："那你至少失去了一半的生命。"随即，哲学家又问道："那你懂数学吗？"船夫说："也不懂。"哲学家遗憾地说道："那你失去了百分之八十的生命。"

船夫不再说话了。他们谁也不理谁，就这样，船夫划着他的船，哲学家思考着他的问题。小船漂了没多远，忽然海面上刮起了大风，小船在海浪中剧烈地颠簸着。突然，一个巨浪把船打翻了，哲学家和船夫都掉到了水里。看着哲学家在水中胡乱挣扎，船夫想到他肯定不会游泳，于是便问道："你会游泳吗？"

哲学家恐慌地喊道："不会啊！"

船夫说："那你就失去了百分之百的生命。"

感悟

知识固然重要，但是社会生存能力更是不可或缺。人们往往重视知识教育却忽略能力的培养，特别是财商的培养。父母都希望孩子未来生活得更好，都希望孩子可以过上幸福的生活。财商教育对孩子的美好未来起到举足轻重的作用。

自我教育

最愚蠢的事情之一就是假装你很聪明。
当你假装聪明，其实你是最愚蠢不过。
——罗伯特·清崎

助你通往成功最可靠的方式就是保持学习。如果你不把你所学的作为你的优势，那么你工作就会很辛苦！为什么我们要每天要花时间学习和探讨财商知识？因为学校没有教过我们这些，父母也没有，身边的朋友也没有。如果我们没有这样的意识去主动寻找与学习，我们一辈子都不知道这些内容对于我们来说是如此重要。

其实，金钱不是真正的资产。我们唯一的、也是最重要的资产是我们的头脑，如果受到良好的训练，它转瞬间就能创造大量的财富。有太多的人过多地关注钱，而不是关注他们最大的财富

——所受的教育。如果人们能灵活一些，保持开放的头脑不断学习，他们将在时代的变化中一天天富有起来。

曾经想知道为什么有些人不愿意去学习、去改变，后来我发现答案是自我。他们把自我像宠物一样一直养着，却不知这其实是一种最累人而且最花费钱的爱好。成熟的稻穗腰总是弯得最低，而小草总是亭亭玉立的。富人会持续地学习和成长，而穷人认为他们已经知道一切。

为什么人们不愿意花钱在教育上以提高他们的生活质量？这让我困惑。你需要接受一些必要培训吗？要得出答案很简单，只需要问问你自己对目前的生活状况是否感到满意。如果答案是不满意，那么请你停止你曾经一直在做的事，然后开始做些不一样的事情。去学习不同的技能、不同的看待事物的方式和如何更有创造力。

如果你只知道26个字母中的4个字母，你能用这些字母构成的单词量就是有限的。赚钱也是同样的道理。如果你知道的赚钱的唯一方式就是工作和得到薪资，那么你的收入就是有限的。如果你用超过100种的方式去赚钱，那么你的收入就是不受限的。

生活在当今社会，我们应该心怀感激，因为当今有许多大师、老师和导师们愿意和我们分享他们的商业经验，而我们只需要支付他们一小笔费用。

这个世界上有很多种钱，但有一种钱是你花得越多，挣得越多，那就是对自己的投资。我们要让自己的身材好，要让自己的身体好，要让自己的气质好，要让自己的思想不断地进步，要让自己对世界的理解越来越深刻，因为财富只不过是你思想的产物。

宣言

我创造自己的人生，我为自己的态度负责。

我在财务上的成就，由我自己100%负责。

“给我”还是“拿去”？

有一朋友，做人特别吝啬，从来不会把东西送给别人。他最不喜欢听到的一句话就是：把东西给……

有一天，他不小心掉到河里去了。他的朋友在岸边立即喊道：“把手给我，把手给我，我拉你上来！”这个人始终不肯把手给他的朋友。他的朋友急了，又接连喊道：“把手给我。”他情愿挣扎，也不肯把手给出去。

他的朋友知道这个人的习惯，灵机一动喊道：“把我的手拿去，把我的手拿去。”这个人立刻伸出手，握住了他朋友的手。

感悟

“给我”还是“拿去”？我们在经营事业的过程中，是不是也一直在向客户表达着“把你的钱给我”？客户就像上面那个吝啬的人，情愿在痛苦与不满足中挣扎，也不愿意把钱给我们。

如果我们对客户说的是“把我的产品拿去”，是否会更好一些呢？客户会更情愿地去体验你的产品，购买你的产品。

“给我”还是“拿去”？这是一个问题，也是一个精明的商家是否能从客户的角度去设计成交，设计商业模式的问题。换一个角度，事业就豁然开朗。

学习，忘记，再学习

不断尝试新事物和犯错误的伟大之处就是犯错误使人保持谦卑。谦卑的人比傲慢的人学得要多。

——罗伯特·清崎

我们每个人都以这样或那样的方式相互联系。我们被我们的父母、老师、朋友、政府、文化、广告等影响着。我们选择接纳我们想要接纳的、坚持我们想要坚持的、相信我们所相信的。我们在这里无须争辩这些内容本身的对和错，只需看它们产生的结果。如果你的结果没能为你很好地提供服务，那么你知道你需要改变了。

你需要更深入地了解你的信念。你的信仰决定你的思维模式和生活态度，你的思维模式和生活态度决定你的行动和行为，而这将决定你的结果。深入了解你的信念，我真正意义上是指深入了解你的潜意识。

如果你频繁使用“肮脏的富人”这个术语，那么潜意识里，你的信念将是你需要通过肮脏的手段变得富有。在这种信念下，你将不会采取变为富人所需要的行动，即使这种行动是道德的、合法的。所以不要再用“肮脏的富人”这种术语。

事物本没有意义，只是我们赋予它意义。不管怎样我们都在编故事，不如编一个能帮到我们和鼓励我们的故事，并为这个故事而活！

另一种阻碍人们成功的信念就是害怕犯错。当你在校读书时犯了错，你是被奖赏了还是被惩罚了？正是犯错误带来的结果让许多人的生活被规划为不许犯错。其实我比很多人犯过更多的错误，但我根本不害怕犯错，因为铭刻在我潜意识里的信念是“失败乃成功之母”“没有失败，只有回馈信息”“没有失败经验，只有学习经验”。

我做生意曾经也亏过钱，而且亏过很多次。但是这许多次亏钱的学习经验帮我挽回了比我失去的还要多的金钱。从这些经验中，我学会了我要和谁合作，我不能和谁合作，我要雇用谁，在哪里布网，如何谈判，如何销售我自己、我的产品和服务，还有许多我需要的技能。

持续的成功来自于持续的学习，无论你想在哪个领域取得成功，都不要忘记持续学习的重要性，只有持续的学习和永不放弃的实践才能取得持续的成功。所有技艺的成熟，都是源于不断地重复练习。几乎所有的失败都是源于四个字：学习不够！

听过了——听进去了——实践了——活出来了！

上课、学习的目的不仅仅是学习一些自己不知道的知识，所以仅仅听过是不够的。更重要的是还要去实践，去实践了还要坚持下去、养成习惯，最终你才能活出来。

宣言

我有能力改变生命的进程。

我有能力改变自己的财务人生命运。

我是自己人生的导演！

捉火鸡

有个人布了大箱子做陷阱捉火鸡。一天，有12只火鸡进入箱子里，不巧1只溜了出来，他想等箱子里有12只火鸡后再关上门。然而就在他等第12只的时候，又有两只跑出来了，他想等箱子里再有11只再拉绳子，可是在他等待的时候，又有3只火鸡溜出来了，最后箱子里1只火鸡也没剩。

感悟

投资的人往往不了解尽快停止的重要性，平衡的心态往往比精巧的分析更重要。

放下愧疚和怨恨，学会宽恕与接纳

我们或许不懂得如何原谅，我们或许不想去原谅；但实际上当我们愿意去原谅时就是治愈的开始。

——露易丝·海（著名心理治疗专家）

大多数人渴望变得富有而且相信他们能变得富有，但是他们没有成为富人的自我接纳意识。为什么呢？因为他们仍然在愧疚、怨恨和不宽恕他人。

让我们坦然面对它吧！我们所有人都曾经说过谎，做错过事。如果你不同意我说的话，那么你正在撒谎。我承认我曾在生活中做过一些捣蛋的事，直至现在我仍在做，比如对讨人厌的司机竖中指。然后我告诉自己不应该再那样做，但是现在的重点是要学会原谅你自己和放下愧疚。有时我们甚至埋怨是司机让我们做出这样不礼貌的行为。这是归罪于人，如果你继续这样做，在整个行程中你将持续失去你的能量，而且一直感到生气和不快乐。更糟糕的是，如果你继续这样，你将吸引更多不愉快的事情发生。因此，那种情绪来得快去得也快的人才是最快乐的人。

很多人的人生目标之一是要快乐地生活。但是为什么有那么多人不愿意放下他们过往糟糕的经历呢？如果你有这种经历，现在立刻放下吧！感激曾发生的一切，原谅你曾怨恨的人，释放你内心的愧疚。你现在感觉更轻松了吗？

别再扮演受害者的角色，你可以变成一个受害者，也可以变成一个有钱人，但你不能同时成为二者。每当你抱怨、发牢骚或为自己辩护时，你就是在谋杀自己的财路。我们要做承担责任者，保持天生赢家的学习心态。

我们要对过去的人生重新选择：学习珍惜应该珍惜的，感激应该感激的，发现应该发现的，把握应该把握的，原谅应该原谅的，放下应该放下的。而对未来的人生，我们可以拿掉心中那些困扰我们许久的“烂草莓”，学习为自己的人生负起责任，不再怪罪别人或是找其他借口。永怀感恩之心，常表感激之情，原谅那些伤害过自己的人，人生就会充实而快乐。

宣言

当我学会爱自己的时候，我发现更容易原谅他人了。

接纳是最好的温柔，我接纳不完美的自己。

命 运

一次，我去拜会一位事业上颇有成就的朋友，闲聊中谈起了命运。我问：“这个世界到底有没有命运？”他说：“当然有啊。”我再问：“命运究竟是怎么回事？既然命中注定，那奋斗又有什么用？”他没有直接回答我的问题，但笑着抓起我的左手，说不妨先看看我的手相，帮我算算命。给我讲了生命线、爱情线、事业线等诸如此类的话之后，突然，他对我说：“把手伸好，慢慢地而且越来越紧地握起拳头。”末了，他问：“握紧了没有？”我有些迷惑，答道：“握紧啦。”他又问：“那些命运线在哪里？”我机械地回答：“在我的手里呀。”他再追问：“请问，命运在哪里？”我如当头棒喝，恍然大悟：命运在自己的手里！

感悟

我命由我不由天。知己信己乃明智也！不管别人怎么跟你说，不管“算命先生”们如何给你算，记住，命运在自己的手里，而不是在别人的嘴里！

收入要大于支出，关注净资产

没赚到钱就不要花钱。
——托马斯·杰斐逊（美国第三任总统）

收入要大于支出是一个操作方便的简单理论，但是为什么许多人都没有这么做？宽松的信贷是重要的原因之一。许多人在开始工作前就已经负债了，比如学费贷款、信用卡贷款等。而房贷、车贷等消费贷款的比例更是年年攀升。

如果你要拥有财富，首先得学会如何依自己的意愿去生活，也就是如何把握你的开销。石油大王洛克菲勒说：“若你赚500花400的话，它会带给你满足感，但相反，如果赚500块却要去花600块，那么生活就会悲惨起来的。”我的意思是，当你的开销大于收入的时候，就表示你将会有麻烦了。

在提到钱的时候，人们总会习惯性地问："你赚了多少钱？"但很少有人问："你有多少净资产？"事实上，真正衡量财富的标准是净资产（净值），而不是收入。富人专注于自己的净值，穷人则专注于自己的工作收入。注意力所在的地方，就会有能量流动，也就会出现结果。富人专注于四项构成净值的因素：增加收入，增加储蓄，增加投资获利，并且借由简化生活方式来降低生活开销。

为什么收入不等于财富？社会上有这样一种普遍现象，穷人只有支出，中产阶级总是去购买自己认为是资产的负债。比如：如果你有车，赚到更多钱后，你会购买更好的车；如果你有房，赚到更多钱后，你会购买更好的房子。总之，收入增加，消费也一样增加。

现在就拿出一张白纸，一起做一个能永远改变你经济状况的练习——制作一张净值报表：

首先在白纸上写上"净资产"的标题，一端写上0，另一端写上你想要达成的净资产目标。制作这张表的时候，把你拥有的一切物品资产都加起来，并减去你的负债总值。每三个月追踪和修改一次这张财务报表。

注意力的方向产生成果，你追踪的东西一定会增加。除非你能管理你现在的一切，否则你不会再得到更多！你管理金钱的习惯，比你拥有金钱的数目更重要。

不是你控制钱，就是钱控制你。如果你想控制好自己的钱，主导好自己的财务，你就需要学好财商，学会理财。

宣言

我是一名卓越的金钱管理者。

我的收入在不断增加。

我致力于建立自己的净资产。

我赚取足够的被动收入去支付我渴望的生活方式。

财富是这样缩水的

有位第一次坐飞机出差的村长，在飞机上口渴了很久却没有水喝。这时候，他看到前排坐着一只鹦鹉，颐指气使地指挥空姐给它端茶倒水，鹦鹉态度十分骄横，空姐却敢怒不敢言。村长心想：一只鹦鹉都可以如此，那咱好歹也是个村长，是个干部啊。于是，村长也以蛮横的态度指挥空姐端茶倒水。

终于，和气的空中小姐被这两位“大爷”激怒了，打开舱门把鹦鹉和村长一起扔了出去。村长正在无奈地坠落时，鹦鹉飞到村长耳边。鹦鹉问：“你会飞吗？”村长摇摇头。鹦鹉怒斥：“不会飞，还牛什么牛！”村长只看到鹦鹉的威风，却不知道鹦鹉敢这么牛是因为会飞。

感悟

故事反映出大部分投资者的现状——盲目跟风、忽略风险。在目前的市场中，类似这位村长的投资者很多，既无理财知识也无经验，仅仅是因为看到别人通过某种投资方式赚到了钱，便意图简单效仿，结果却事与愿违。

适当的理财方式，是我们财富增值的必由之路，但是如果风险意识淡薄，在对产品的特征、属性、投资期限、风险等级等因素均无了解的情况下，很多投资理财方式反而会成为我们财富缩水或减值的加速器。因此建立风险意识，树立正确的理财观念十分重要。

把理财和投资相结合

一个人一生能积累多少钱，不是取决于他能够赚多少钱，而是取决于他如何投资理财，人找钱不如钱找钱，要知道让钱为你工作，而不是你为钱工作。

——沃伦·巴菲特

很多人混淆了理财和投资的概念，我在这里跟大家分享一下我的理财方法和投资哲学。我用十个字概括：理财简单分，投资重稳健。理财和投资是两件事，我通常会提及一个很简单却很有力量的分账户理财法。大部分人，尤其是年轻人，不懂使用这个方法，这也是他们会出现财务问题的原因。

举个例子，足球赛中有 11 个人在场上，但你能想象 11 个球员都负责冲锋或射门吗？不行，他们一定马上输球，因为这样球场没有人防守。冲锋时每个关键位置上都必须有人防守，你才可能赢球。理财时把钱只放在一个账户，只用那个账户存钱、花钱，就像是足球赛中，所有人都在冲锋一样。

最好的理财方法是，将你赚的钱分别放在特定账户，然后只针对特定目的去使用特定账户中的钱，像是长期储蓄账户、财务自由或投资账户、爱心账户等。每个账户有各自的目的，当你其中一个特定账户是孩子的教育基金时，你就只从该账户中提钱出来付学费，这样做会比较平衡。

至于投资，我有很稳健的投资哲学：把财产的一半放在非常安全的投资，剩余财产的三分之二放在比较稳健的投资，然后剩下的10%～15%放在高风险投资上，像是报酬率两成以上的投资标的。我不觉得人们要用自己的钱去下赌注。不要当个赌徒，因为你可能赔掉很多钱，而不是赚到它。

投资的第一个原则是：不要赔钱。第二个原则是：要满足于稳健的投资。如果你想着要预测市场、打败市场，最后只会失败。以股票市场为例，几百万人都说自己是专家，那为何不是每个人都变得有钱？如果你现在没什么钱，就更不能冒风险，必须把钱放在非常安全的投资上。

投资的百分比，可以随着自己的个性喜好来调整吗？这是很糟糕的方法。你是个喜欢高风险的人，你就应该做高风险投资？不，你会赔钱！投资是非常讲究逻辑的，不能感情用事，而个性就是很感性的东西。高风险投资可能让你赚钱很快，但如果赔钱了，你就得花1～10年的时间才能把它赚回来。

当然，最稳健的投资还是投资你自己，因为只有“你”是让自己获得成功的根基。每一件事的结果都是从“你”而来，不是股市，不是房地产，不是政府，而是“你”。

只有你能让自己变有钱，所以你必须致力于让自己成长，提高你的财商，唤醒你的理财天赋，打造你的品格、技能等。如果你做了这些事，你就是成功的核心关键，这谁也带不走。

宣言

我对生命中已有的或是还未到来的所有美好事物都心怀感激。我是一个富而有爱的人，我拥有富中之富的富裕人生。

把灵感变成财富

一位日本富翁曾经谈到，他的很多专利都只是来自前苏联的《科学与生活》杂志中的一个栏目。他年轻时，经过研究发现，苏联人的确有很多真知灼见，只可惜他们的创新思维一直停留在纸上。而这位日本人正是紧紧抓住了这些已经出现的灵感创意，获得专利，并用于生产，由此产生了巨大的效益。

感悟

灵感找到落脚点才能变成财富。

将收入分类

无法控制情绪的人不会从投资中获利。金钱，就像人的情绪，你必须控制它才能保证生活步入正轨。

——沃伦·巴菲特

我把我的收入分类放进六个罐子里：

财务自由的罐子——10%

自我教育的罐子——10%

储蓄性消费的罐子——10%

娱乐消费的罐子——10%

做慈善的罐子——5%~10%

日常开支的罐子——50%~55%

财务自由的罐子：第一个而且是最重要的一个你需要捐献的罐子就是你的财务自由罐子。永远要把你收入的10%（至少）放入你的财务自由罐子里。我说“至少”是因为你贡献越多的钱到你的财务自由罐子，你就会越快实现财务自由。我现在正将超过50% 的收入贡献到我的财务自由罐子里，因为我目前的收入比我支出的金钱增长得快得多。

自我教育罐子：我在之前的步骤里说过自我教育的重要性。当我说自我教育时，它总是关于个人自我成长、商业和赚钱技巧。你学的赚钱技巧越多，你挣钱的渠道也就更多。

储蓄性消费的罐子：你或许想把你收入的 10% 用于买一辆车或是为你心仪的房子付款。我的建议是，如果你不需要用车的话就不要买车。我曾经游历过很多地方，我认为中国的交通运输体系是全世界最好的交通体系之一。中国几乎到处都有网约车、出租车、公交车、共享单车和共享汽车。

娱乐消费的罐子：把你储蓄的 10% 放到这个罐子里，纵容自己去次温泉之旅，看电影或者和你的朋友安静相处等。为了使我的娱乐消费罐子增大到最大限度，我将这部分钱用于和朋友一起吃饭和建立人际关系网。我享受在进餐时和朋友讨论生意上的事。这不需要在很贵的餐厅进行，你完全可以选择附近的一家咖啡店或大排档。不同的人用不同的方式宠爱自己。你只要按你快乐的方式去做就可以了。

做慈善的罐子：从我的经验来看，我给予得越多，我得到的就越多。起初你或许很难理解，但是过段时间后，宇宙的运作将使你感到惊讶。只关注索取的人到头来获得的只会很少。不幸的是，我们中的大多数都属于索取的那类，这也是大多数人都很贫穷的原因。

日常开支的罐子：尽最大可能缩减你的日常开支，不要将钱花在没必要的地方。不要因为东西便宜或者在做特价就购物。如果你买了你不需要的东西，最后你可能需要卖掉你需要的东西。所有日常开支罐子里剩余的钱都应被放入财务自由罐子里。

富人都很会管理自己的钱，而穷人则很会搞丢自己的钱。大家都可以自己在家里面练习这个理财系统，放入钱的多少并不重要，重要的是养成良好的理财习惯。

宣言

当我不用为钱担心的时候，更多的金钱将进入我的生活。

我对每张钱都心怀感激，而且我知道更多的钱将来到我身边。

我感恩地接受我所拥有的财富和幸福。

守财奴的黄金

一个守财奴，将自己的黄金藏在自家后院的树下，想黄金的时候就挖出来看一看。一天他去挖黄金，发现所有的黄金不翼而飞。守财奴放声大哭，引来了邻居。邻居问他有多少金子被偷了，守财奴说所有。邻居很惊讶他的黄金竟然一点也没花掉，只说了句：“既然你的黄金的作用只是让你看看，那丢了也没关系，你只要来看这个洞就可以了。”

感悟

贫富最根本的差别不在于金钱的多少，而在于是否充分地利用了自己已有的钱，以钱生钱。

把钱投资到哪里

富人将金钱用于投资，将剩余的钱用于花费；
穷人将金钱用于花费，将剩余的钱用于投资。
——罗伯特·清崎

知道如何用你的财务自由罐子里的金钱进行投资非常重要。我将财务自由罐子里的金钱分类放进三个木桶里：

第一个木桶：六个月的生活费用

每月生活费用是你一个月需要用来支付饮食、住宿、公共事物和其他家庭所需的最少一笔金钱。如果你每月的生活费是3000元，那么我建议你把18000元存入给你带来最高利率的活期存款。我把我的钱存入定期理财，它每年都能给我带来5%的利息。

以下是我把钱存入定期存款的方法：假设我六个月的生活

费是 60000 元，我会把这笔钱分成六次 10000 元的定期存款，定期存款时间是六个月。通过这种方法，我每个月将有随时可用的 10000 元流动资金。如果那个月我不需要用到这笔钱，我将重新更新这六个月的定期存款。这是为了确保我不会因为在到期之前撤回我的定期存款而被处罚。

第二个木桶：买入持有

至于这个木桶，我正看着从我财产产生的正向现金流和从股票获得的股息生息率。

不像大多数人在买入一项资产时只关注于资本收益，我总是先关注租赁费。大多数人会买入一项资产，然后希望长期获得资本收益。其实，投资一项资产时，有许多方面是需要注意的。我建议你在投资某项资产前先在这个领域自我学习提升。

至于股票，我更倾向于购买几乎没有竞争对手、拥有好的管理团队和一致的股息支付率的垄断股票。除了这些分红外，知道何时买入在股票投资中也是非常重要的。我通常在买入售价低于其内在价值的优质股前等待一次危机。

财务自由罐子里 80% 的金钱都被我放置在第二个木桶里。

第三个木桶：动力

在你考虑要涉足第三个木桶前请确保你已装满前两个木桶。这个木桶就是你要寻找高回报的地方，但是我必须警告你，它也伴随着高风险。我将不超过财务自由罐子里 20% 的金钱投资到这个木桶里。我在这桶里的一些投资包括股权投资、土地创富投资、农业投资，还有一些我和朋友创建的小生意。如果发生了事故，我已做好失去这桶里一切投入资金的准备，而且这也丝毫不会影响我的生活。然而，如果这桶里的投资结出果实了，它将给我带来额外红利。

一些资产投资或许应归入这个动力桶里，因为许多刚从学校毕业的年轻资产投资者在资产投资中把裤子都输掉了。而糟糕的是，他们并没有前两个木桶来作为保险。

根据经验来说，任何收益高、回报快的投资都归属于第三个木桶。

宣言

我播种正能量并且收获丰盛与繁荣。

我每天都把钱放入财务自由账户。

我的金钱在努力为我工作，并为我赚了越来越多钱。

街头买专利

一天，胜家在街头走时，看到一个穷工程师在路旁摆摊出卖一台自己发明的缝纫机和专利证书。胜家知道这是个很有价值的专利，急欲买下来。可他知道，这是人家苦苦研制的，议价肯定会有麻烦，再看自己一副溜光水滑的样子，打扮像个经纪人。这样去人家肯定会要个大价钱。于是他忙去换了套穷工人的衣服。这样，胜家仅仅以5000美元就买下了这个专利。后来，他开创了世界著名的“胜家牌”缝纫机公司。

感悟

当“情感”正在“冲动”时，要用“理智”来把握。在财富的机会到来之时，要好好思量，小心把握。

了解两个财富制造机

商业就像一个手推车。你不推它，什么也不会发生。

——罗伯特·清崎

世界上最富有的那些人，他们当中有谁只是职员吗？显然没有。他们或者是从商或者是涉猎投资，是企业主和投资者。当然，还有一些特例，就是在一些非常大的组织做管理层的富人，但是我们别再开自己玩笑了，大部分做管理层的职员从不会因为为别人工作而致富，除非拥有公司股权。所有的亿万富翁都是因为关注自己的事业而致富的。

实现财务自由有两种方式：第一是建立事业系统的收入，第二是钱生钱。显而易见，世上的富人都是要么从商要么涉猎投资。那为什么大多数想要变富有的人仍然在做着他们的工作，老实地当着职员呢？有两个原因：害怕和舒适区。

我们先来谈谈害怕，也就是恐惧。把 fear（害怕）这个单词拆分开来可以表示为似乎为真的假证据。

FEAR=False Evidence Appearing Real（把错误的证据当成事实）

恐惧的定义是对痛苦的预测。不准犯错误这个想法在很多人脑海中根深蒂固，因为学生时代每次我们犯了错误，就难免会遭受惩罚或者被贴上失败者的标签。我们要学会直面生活中的所有错误。因为知道如何处理错误、如何从错误中学习然后继续前行，这比不犯错来得更重要。

为什么人们不敢在商业里冒险？一个主要原因就是他们听到过太多的从商失败经历或者他们自身有过一两次糟糕的从商经历。但我敢于失败。我曾经历过无数次失败，在商业中、投资中还有人际关系中，但我没有因此放弃。我是如何克服失败的呢？我将失败视为一次学习的经验，从失败中学习，然后问自己下次我怎样才能做得更好。为了缩短我的学习曲线，我花钱向成功的领袖学习。直接跟当下最成功的老师学习，这节省了我很多金钱和时间。

我从失败了的业务中，学到了什么该做，什么不该做，应该和谁合作，不应该和谁合作。随着我经验的增长，成功和赚更多的钱于我而言变得越来越简单。最简单的一步就是继续和同样的人一起工作，并不断重复它。重复运用同样的金钱运动规律，赚到更多钱。

舒适区是人们不肯改变的另一个原因。他们不愿意学习新的东西或者不愿意改变自己的信念系统，或是经历几次小失败后，对所学习的成功人士产生怀疑。但是，变富有的关键是充分参与到生活中，拥有开放的思维，不断学习，不断找到一个更好的方式去做事情，然后不轻易放弃。

宣言

我想要新的赚钱机遇现在就为我敞开大门！
致富的机遇，总是自动被我吸引而来。
大家都很爱我，我是宇宙中最幸运的孩子。

尿布大王

1945年，川博先生所经营的尼西奇濒临破产。当时该公司生产雨衣、游泳帽、玩具、尿布等多种日杂橡胶制品。川博在一份人口资料上看到，日本每年有250万婴儿出生，如果每天用2条尿布，就要500万条。这种小商品，大公司根本顾不上，可自己公司做起来却轻车熟路。于是，他果断决定，放弃其他只做尿布，结果他的公司成了世界最大的尿布专业公司，年销售额70亿日元。

感悟

专注与专业比精力分散更容易使人在商场中盈利赚钱。

拥有多项商业技能

如果你学会扬起一个好的风帆，风会带你到你梦想的地方，给你你想要的收入，然后是知识宝藏、物质宝藏和灵魂宝藏。

——吉米·罗恩（商业哲学家）

你必须拥有的一些商业技能是：销售、市场营销、网络、领导力、团队建设和体系制定。如果你拥有这些技能，即使你推销一样很普通的产品也能很成功。

当我们谈论销售的时候，它包括把你的创意销售给投资者以获得商业想法上的资金支持，销售给供应商以给你商品寄售或信贷，销售给应该和你合作的职员，销售给支持你新的冒险的亲人。因此，商业销售不仅仅是销售东西给你的顾客而已。

市场营销是利用媒体和通过广告将产品卖给大众。知道如何做广告非常重要。我在之前的生意上就因为缺少这个技巧而犯过一些错误。有一次我做了一个两页报纸的广告，结果只收到两通电话，而销售业绩为零。这是非常昂贵的一课。从这以后，我开始花钱参加著名营销大师杰·亚伯拉罕的营销研讨会，以此来提高我的营销技巧。

在商业中知道在哪里和如何利用网络也很重要。花钱去研讨会学习，就是我要和有相同思想和责任承诺、在生活中取得成功的人交朋友。在研讨会中我也意识到富人是终生学习的，他们是谦卑和思想开放的，而且他们想要向在自己所从事的领域内比自己更加成功的人学习。跟着富人做，最终你也会变得富有。我进入他们的思想，向他们学习，像他们一样保持积极向上，和与他们交朋友的人交朋友，做他们做的事情。他们中的大多数人都能在帮助你致富上提供正确的信息。如果他们信任你，他们会和你一起分享。是的，就是这么简单！

团队建设就是你可以利用别人的专长和让别人利用你的专长。团队建设成功的关键一点是要学会信任，而且建立信任也需要花时间。我很幸运的是我的团队成员都是致力于我们的共同事业的人和我能信任的人。在找到一个好团队之前你要花费许多时间学习和积累经验。

只要你找到对的人，把他们放在对的位置，你就能建立一个体系、一套机制。每个人在体系中都扮演着一个角色。我只做我擅长的事，剩下的让擅长的人去做。作为一个团队，我们能够创造更多价值，我们同时也得到更多报酬。

宣言

今天，我将专注于前进一步，无论这一步有多小。

我赚钱、理财和增值的能力与日俱增。

我对自己现在所拥有的金钱感恩不已。

停车费

一位富豪到华尔街银行借了5000元贷款，借期为两周，银行贷款须有抵押，他用停在门口的劳斯莱斯做抵押。

银行职员将他的劳斯莱斯停在地下车库里，然后借给富豪5000元。两周后富豪来还钱，利息共15元，银行职员发现富豪账上有几千万美元，问他为啥还要借钱。

富豪说："15元两周的停车场，在华尔街是永远找不到的。"

感悟

只要换个角度想问题，或许问题就能迎刃而解！

磨炼销售技能

我们主要销售的是服务而不是商品，如果服务失败，没有人会为商品买单。

——美国销售名言

你想变得富有，所要掌握的一个重要技能就是销售技能。但是，我指的不是硬性推销，而是心灵推销。推销首先要做的就是找到你的潜在客户需要什么。你可以通过问正确的问题，然后在潜在客户对你提供的东西有需求时向他们推销你自己。

富人愿意且热爱推销自己和自己的价值观；穷人消极看待营销和推广。反感推销是成功的一个最大障碍。富人有产品卖，会卖，而且敢卖！他们对自己还有自己的产品非常有信心。

你的工作是帮客户解决问题而不是让他们解决你的问题。我发现很多销售人员推销产品是因为完成业绩可以提高薪水，这样的销售人员就是在让客户帮他们自己解决问题。

销售还是一个数字游戏。要记住，不是所有人都想要或需要你的产品。你只需要向喜欢你的客户群体推销产品，而且不要害怕被拒绝。永远要记住他们不是拒绝你，而是拒绝你的产品或服务。

如果你正在为你的创意寻找投资者，正在说服雇员为你工作，或者正在让供应商给你以寄售或信贷的方式提供货物，这些同样需要销售技巧。即使你正在寻找工作，你也需要就为什么要聘用你向他人推销你自己。

无论你喜欢销售还是不喜欢销售，其实你每天都在销售，甚至当你邀请朋友与你共进晚餐或叫你的孩子吃饭时，你也是在销售。正因为你每天都需要销售，你就需要非常擅长它。我建议你通过阅读相关书籍或参加销售训练的研讨会来提升自己的销售技能。

销售等于收入。销售是能量的传递、信心的转移、情感的转移。很多时候，销售卖的是服务，而且服务大于商品。那么什么是服务呢？所谓服务，就是创造客户价值，而客户价值包括两个部分，一个是产品价值，另一个就是客户的感受价值（认知价值），即服务与品牌。

宣言

我热爱销售。我热爱宣传！

我在异议中成长。我聆听异议。我处理异议。

然后我成功了！

屈居第二的推销方法

富勒公司是美国著名的化妆品生产商，而约翰逊公司则是一家只有470美元注册资金的化妆品生产商，简直没法比。可是，现在，约翰逊公司的知名度已经与富勒公司并驾齐驱了。约翰逊的生产规模一直不大，其广告投入也很少。那么，它靠什么取得这么好的效应呢？很简单，除了保证质量以外，它靠的就是屈居第二推销法。你听，它在广告中这样说：富勒公司是化妆品行业的金字招牌，您真有眼力，买它的货算是做对了。不过在您用过它的化妆品之后，再涂一层约翰逊公司的水粉护肤霜，准会收到您意想不到的奇妙效果。那些买得起富勒化妆品的人，并不在乎多买一瓶约翰逊水粉护肤霜试一试，趁此时机，约翰逊的产品也就堂而皇之地走进了千家万户。

感悟

有时候，只有甘受“委屈”才能迅速达到“自强”。另外，许多直的东西在变成弯的之后，又会引发许多奇特的创造和出人意料的现象。这其中的许多事例，也是我们必须注意的。依附一个强者，往往能够把自己带到次强者的高度，这是营销定位里面相当有效的“绝招”。

磨炼市场营销技能

你可以拥有极好的想法，但是如果你不能让你的想法成真，那么你的想法便是空想。

——艾柯卡（美国商业偶像第一人）

建立一个成功的业务仍需一个非常重要的技能——市场营销。市场营销观念：目标市场，顾客需求，协调市场营销，通过满足消费者需求来创造利润。

通过在生活日报中看一些公司做的广告，很容易看出哪些公司做得好，哪些公司在亏钱。从这个信息中，也可以帮助我决定是否要买这家公开上市公司的股票。

顾客要的不是便宜，要的是觉得占了便宜。当顾客觉得占了便宜，就容易接受你的产品。

一个好的广告需要：关注、兴趣和渴望以及呼吁行动。

关注：通常是标题必须能够吸引你的注意以至于你想要找到更多的信息。

兴趣和渴望：这是你向读者展示你的产品好处和服务的地方。它必须能够让读者产生想要立刻找到更多关于你的产品和服务的渴望。

呼吁行动：呼吁行动非常重要，因为当潜在客户对你的产品或服务非常感兴趣却找不到联系你的任何方式时，你或许就永远失去他们了。

你是什么不重要，消费者认为你是什么才重要。世界上有很多的资源，而最大的资源是什么？是消费者的心智资源。营销就是要占领消费者的心智资源。有很多企业家说自己的产品质量如何如何高，品质如何如何好，但消费者不知道就等于零。这是个“酒香也怕巷子深”的时代，在这个传播过度的信息社会，在哪儿吆喝你的产品，吆喝什么内容，对谁吆喝，怎么让消费者认识到、体验到你的产品是好产品，怎么让消费者钟爱你的品牌，都是要通过传播来解决的问题。

营销就是让消费者只关注价值，忘记价格。价值是相对于价格提出的，它是指通过向顾客提供最有价值的产品与服务，摆脱价格战的纠缠，创造出新的竞争优势，以此超越竞争对手。学习使用杠杆策略，四两拨千斤，用更少得更多。在最短的时间内，用最低的成本，向最多的人分享，以获取最大的利润。

我给你的建议就是在没有学会如何对你的产品或服务做市场营销之前不要开始做生意。因为它可能会成为非常昂贵的一课。

宣言

我有创造力和革新精神！
我提供高价值项目或者生意，并产生大量的销售。
我赚钱的动机，就是要创造富足和喜悦。

金利来

“金利来，男人的世界。”男士们钟爱金利来，很重要的一点是喜欢这个名字，金钱与名利滚滚而来，谁不愿意？“金狮”是金利来最初的名字，由于“金狮”在粤语中读音类似“金输”，让不少人心理上接受不了，最后改成“金利来”，而“金利来，男人的世界”这样大气、有风度的广告语也赢得了消费者的青睐。现在，金利来已经是家喻户晓。

感悟

产品名称要具有一定的意义，并充分考虑受众群体的特征，才能给人留下深刻的印象并且易于接受。

磨炼领导力

> 我想以往领导力意味着实力，但如今它意味着与人相处。
>
> ——甘地

什么是领导力？领导力就是领导和影响他人的能力。如果你想运营一个成功的企业，领导力很重要，因为你需要激励、鼓舞和影响你的团队为企业工作。真正的领导力不在于拥有一个领导的职位或头衔。事实上，被赋予某个领导职位只是领导力五个层面中的第一个层面。领导力的五个层面分别是：职位、权限、生产、员工发展（立人）、人格。

第一个层面，职位。人们追随你是因为他们非听你的不可。人们跟随你是因为他们必须这么做，影响力将不会超越你的工作描述。

第二个层面，权限。人们跟随你是因为他们想，而且他们将跟着你超越权威。这个层面也可以理解为认同，即人们追随你是因为他们愿意听你的。这个层面的领导同样也允许愉快工作。职员会被高度鼓舞激励，但也将长期得不到满足。

第三个层面，生产。人们跟随你是因为你为组织带来的结果或贡献。你的成功对大多数人来说很有意义，人们喜欢你的能干。

第四个层面，员工发展。人们因为你为他们所做的一切跟随你，比如因为你对他们的付出。你的责任也跟着越大，需要培训领导干部，需要梳理领导将如何带来员工和组织的持续发展。

第五个层面，人格。人们跟随你是因为你本身和你的表现，是因为你是谁以及你所代表的东西。多年来你将不断地发展领导干部和组织。这个层面的领导是那些比生命还伟大的人，如甘地、马丁·路德·金、特蕾莎修女等。

我想和你分享关于领导力的下一件事是法律的法则。人们将跟随你到你所在的高度，向你学习，而且当你没有任何值得学习的内容的时候，他们有很大可能会离开你。这就是一个领导者为什么需要不断提升自己的原因。

领导力还需要学习道家和兵家思想，出奇制胜，以奇攻，以阵守。里面的学问其乐无穷。

我决定以后不退休的一个原因是因为我热爱教学，而且我喜欢看着我的学员成长并走向成功。我不希望我的学员成为诸葛亮那样的领导人——虽然才华横溢，但是凡事必亲力亲为，以致劳累而死。我比较欣赏的是狄仁杰这样的领导——懂得团队合作和互动，每次遇到问题时，他都会问：“元芳，你怎么看？”元芳回应：“大人，此事必有蹊跷！”

宣言

我在身边打造了非常棒的团队。
我是卓越的领导者，人们都想跟随我做生意。
我对其他人来说，是一个鼓舞人心的导师！

独具慧眼的直感

在景泰蓝市场非常萧条时，香港商人陈玉书冒险订下了北京工艺品公司积压的价值1000多万元人民币的景泰蓝产品。在市场不景气的情况下，按理说是绝对不应该买的，但他凭着整体直觉强烈感觉到，具有悠久历史的景泰蓝工艺绝对不会长期滞销。事实上，正因为这次决策，他才打响了景泰蓝金字招牌。

感悟

有很多商人都十分注意把握自身直感，正是这种把握商机的直感，使他们拥有了傲人的财富。

回顾然后行动

一个人必须有足够大的胸怀去承认自己的错误，足够聪明从错误中吸取经验，并且足够强大去改正它。

——约翰·麦克斯韦尔（领导力大师）

是时候回顾你的目标和问问自己在实现目标上是否采取了任何行动。拥有所有的知识却不去运用它是毫无意义的。知道不是力量，做到才是力量。富人并没有比穷人更聪明，只是富人拥有更好的理财习惯；富人并没有比穷人知道更多，只是富人采取了行动！我们要做一个知行合一的人。

行动是连接你的内在世界和外在世界的桥梁。恐惧通常是阻碍人采取行动的“罪魁祸首”，而恐惧其实源于对痛苦的预测，很多时候是一种自我保护的机制。让自己身心自由的秘诀，就在于你不必去相信你的头脑，而只需审视你的头脑，并说“谢谢你的分享”，然后采取必要的行动以达到成长与成功的目的。真正的勇士能驯服名叫恐惧的“眼镜蛇”，与“蛇”共舞。就算再成功的人士都有恐惧，只是他们可以不受它的控制。

成功的秘诀在于就算再害怕，仍然会采取行动。

富人就算恐惧也要采取行动！就算怀疑也要采取行动！就算不方便也要采取行动！就算没有心情也要采取行动！

穷人认为：钱够用就好了，金钱有时没那么重要，反正金钱买不到幸福。富人深信：金钱是重要的，金钱使生活充满乐趣。

金钱是一种能量，金钱是一种造福社会的力量，但是更有力量的是有关财务的知识和财商的教育！

请写下下面的两个财务目标。

年收入：________________

净值：________________

为以上目标设定一个具体的完成时间，并写上“必胜”二字。

请谨记：当知识运用起来了，知识才是力量。

宣言

金钱是重要的，金钱使我的生活充满乐趣。

我无所畏惧，我从不迟疑，无论我做什么都能成功。

富人并没有比穷人知道更多，只是富人采取了行动！我是一个知行合一的人！

卖肠粉

有家肠粉店，店主是一对夫妻。男的忠厚老实，面对来客总是问："加蛋吗？"有的顾客加有的不加。女的同样征求客人的意见，但她问："加一个蛋还是两个蛋？加一个蛋5毛，两个蛋1元。"于是，询问下，很少有顾客不加的，大部分人加一个，少数人喜欢吃蛋，就会加两个。

感悟

在给客户选择的前提条件下，商家可以缩小客户的选择余地，让顾客从中择一。

先赚一百万

生意本身就是一种力量。

——加雷·加勒特（经济学家）

万事开头难。赚人生的第一个100万是最难的！第一桶金很重要，那么如何快速赚取自己的第一个100万呢？

1元 ×1,000,000笔交易
10元 ×100,000笔交易
100元 ×10,000笔交易
1000元 ×1000笔交易
10,000元 ×100笔交易
100,000元 ×10笔交易
1,000,000元 ×1笔交易

上面是一个简单的表格，它向你展示了如何赚取你的第一个100万。你必须知道你正交易的是多少钱。如果你正作为一个雇员工作，每月得到5000元的薪酬，你将需要工作200个月来赚取你的第一个100万。

最快赚取第一个100万的方法是创业。这是利用一个团队或体系来帮助你更快实现目标的方法。为什么？从100个人中每人拿出1%的努力比100%来自自己的努力好得多。

创业这条路可以说要么卖产品，要么卖服务，那么100万就可以简单地分解一下：

1000×1000=1,000,000

100×10,000=1,000,000

100×100×100=1,000,000

怎么理解呢？1000元的产品，我想办法卖给1000个人那么我就赚到100万，当然这是销售额100万，不同产品不同利润，所以没法估算，按自己的利润率计算要卖多少个人。但是对初创创业者来说卖1000元的产品有难度，而且还要卖1000套，所以这个公式的路不怎么好走。

100元的产品，我薄利多销卖给10,000个人我就赚到100万。一个人要卖10,000套产品，对个人营销能力的要求比较高，除非能成功借助互联网的力量。

我们再来看看100×100×100=1,000,000这条路，就是我自己不卖，我让别人帮我卖，100 元的产品，我找到 100 个代理商，每个代理商卖 100 个产品，我也赚到 100 万。这中间也没计算代理商的利润分成，你可以根据自己的利润情况看每个代理商要卖多少。像微商之类的就是这样，等于做批发，直接把 100 套产品打包卖给代理，公司先从代理那里把钱收回来了，代理卖得掉卖不掉就不关自己的事了。这种模式不长久，代理卖不出去，或不到终端，就等于是赚代理的钱，人多了势必会找你官方麻烦。

比较合理的流程是：100 元的产品，我亲自卖 100 套，然后把卖这 100 套的经验分享给 100 个代理商，然后 100 个代理商每人卖 100 套，实现“100 元 ×100 个代理商 ×100 套产品 =100 万”的目标。

100 元的产品比 1000 元的产品好卖，而且卖 100 元的产品对成交能力要求不高，一来方便自己卖以摸索经验，二来只要自己很用心、销售能力强就能卖出去。

自己先卖 100 套产品，然后再发展代理，就是自己先摸索出如何卖这 100 套产品，把话术、流程全部总结成经验，再找两个身边的人测试一下，看他们用了你的话术、流程是不是也能轻松卖掉 100 套产品？如果可以，那就可以开始招代理商，培训代理商卖 100 套这种产品的话术、流程、方法。这样，代理商卖出去就顺理成章了，你也就实现了“100×100×100=1,000,000”的目标了。

但是在你决定辞职和开始创业之前，我强烈建议你先去上课学习如何成功创业。可以先在研讨会上模拟实践和路演。从他人的错误中学习比从自己的错误中学习要好得多。

宣言

我现在轻轻松松就能吸引无限金融繁华来到我生活的方方面面。宇宙的财富轻轻松松就来到我身边。

我值得拥有一切的美好。

奇谋生财

清朝年间，山西太谷县有一年高粱长得相当茂盛。有一名曹姓商人看到茂盛的高粱后，折断了几根。他发现高粱内部全是害虫。他意识到这是一个良好的商机，马上安排手下的人回收库存高粱。众人皆认为今年丰收在即，便将家中库存全部脱手。谁知道，等丰收之时，高粱均染虫致死，而曹氏趁机倒卖一把，大赚一笔。

感悟

司马迁在《史记·货殖列传》中说："治生之正道也，而富者必用奇胜。"

创造利基市场

> 我永远知道我的核心观众是谁。我称这为利基市场。
>
> ——爱德华·伯恩斯（著名演员）

生意就是生生不息的创意。在生意中，你需要学习如何创造你的利基市场（有利可图的市场）以使自己不用在价格上和他人形成竞争。拥有一个利基市场意味着创造一个独一无二的有市场需求的产品或服务。创造利基市场非常简单，方法可以用简单的数学运算来概括：加、减、乘、除。

加法就是把两个或更多的特征或利益组合成一个。例如，我们的智能手机几乎包含了我们所有的日常基本运用，如电子邮件、GPS 导航、指南针、计算器、游戏和其他实用工具。

减法就是在产品或服务上减少尺寸、噪音、时间或其他不良的品质，比如味精过量的食物或者汽油中的铅。智能手机也是减法的一个好例子，因为我们不再需要随身携带太多的小配件。它减轻了我们的负担。

除法就是分割一些东西，使它变得更小从而使它变得更实惠。例如，你可以把一间办公室分割，腾出空间给小企业主或那些自主创业的人；你也可以把一块土地分割成小块土地出售，让它变得更实惠。

乘法就是，以倍数营销产品或服务以使更多的人接触到产品或服务。“生产产品—教人们使用—生产产品”的多层次营销就是一个例子。另一个好例子就是房地产公司。他们收取费用，培训你如何购置房产，然后你做的每次委托，他们再收取费用。这就是房地产公司老板在以倍数营销自己的产品和服务。

有六种常青企业类型，它们永远不会流失完客户。它们就是：餐饮、住房、教育、能源、娱乐和健康。你可以组合这六种中的两种或更多来创造你自己的利基市场生意。如果你能发现没有竞争或弱竞争的营销战场，你就成功了。营销捷径不是在过度竞争市场比对手做得更好，而是发现没有竞争或弱竞争的市场。许多商业都是以上面的理念作为基础的，你能够看见吗？如果不能，要醒悟，打开你的思维，留心观察。

宣言

我能清晰地分辨我的目标市场。

只要下定决心去做，我便无所不能。

我马上行动，我现在就去做！

吊胃口经营

意大利有个专门经营首批新产品的市场，尽管有些产品很畅销，许多顾客抢着买，但市场经理却总是只进一批，很多顾客买不到货。对此，很多人难以理解，还向别人抱怨。但是有趣的是，从此以后，这些不理解的顾客、听到抱怨的人却经常光临此市场，见到喜欢的东西，立即购买，毫不犹豫。

感悟

这是一个绝妙的高招：这里的商品都是最新的，要买就得马上买下来，不然卖完了，就没有机会了。

人际网就是财富网

当你的自我价值得到提升，你的资产净值也会随之提升。

——马克·汉森（《心灵鸡汤》作者）

我们先来做一个练习：绘制自己的人际财富图。

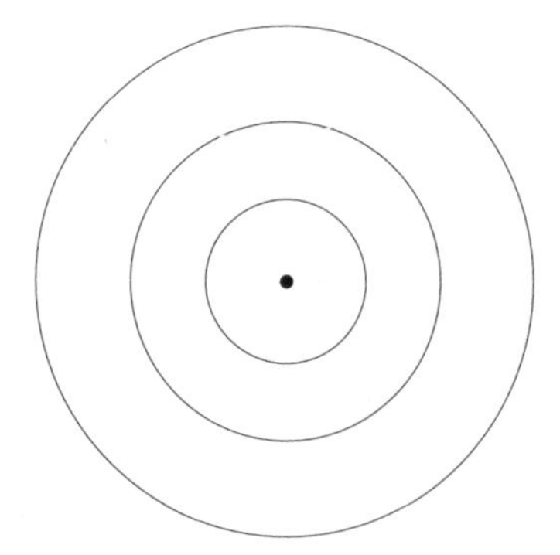

1. 请准备一张白纸、一支笔。

2. 首先在白纸的中央画一个实心圆点代表自己。

3. 以实心圆点为中心，画三个直径不等的同心圆，代表三种不同的人际财富或人际圈。同心圆内任意一点到中心的距离表示心理距离。将亲朋好友的名字写在图上，名字越靠近中心圆点，表明他与你的关系越亲密。

在最小同心圆的地方写上你的“一级人际财富”，你愿意让对方走进自己心灵的最深处，分享你内心的秘密、痛苦和快乐。这样的人际财富不多，却是你最大的心灵慰藉，也是你生命中最重要的成长力量。

在第二大同心圆的地方写上你的“二级人际财富”。你们彼此关心，时常相聚，一起分享快乐，一起努力奋斗。虽然你们之间有些秘密是不可分享的，但这类朋友时常让你感到人生的温馨。

在最大同心圆的地方写上你的“三级人际财富”。这些朋友，可以是平时见面打个招呼，需要帮助时也会尽力帮助你的朋友，也可以是旧时的伙伴或不常见面的朋友。

完成自己现在的人际财富图后，请你思考：

1. 你的人际圈现状如何？你满意吗？

2. 你认为要拥有更多的人际财富需要做些什么？

你需要建立人际网。为什么？因为在人际网中你将会找到有资源的人、有想法的人、有联系的人和有专业的人。这是一个可以互相“利用”的地方。“利用”就是善用彼此资源，创造共同利益。为了“利用”他们，你将会需要让他们也“利用”你，而且你被他们“利用”得越多，更多的人就会想要和你建立人际网。换言之，你给的越多，你将收获的也越多。

富人建立人际圈，穷人仅仅是工作。不要低估了人际圈的能力。但是在你走出去这样做之前，你需要理解并遵循中国的一句古语：“近朱者赤，近墨者黑。”

和正确的人建立人际圈非常重要，不要随便和他人建立人际圈。建立人际圈要去到对的地方，我喜欢待在人们都很积极向上和渴望学习的地方。研讨会就是这样一个地方，而且研讨会的学费越高，出席者的质量就越高。我的大部分合伙人或是伙伴都是我参加自费研讨会时认识的。

荷花虽好，也要绿叶扶持。一个篱笆三个桩，一个好汉三个帮。所以，开始寻找一个建立人际圈的好地方吧。

宣言

我会认真反省，只接受让我更有力量的想法！
每前进一步，我就会变得更加有力量！
我是建立人际关系的高手！

把鞋子卖到非洲

有两兄弟经营鞋业，两人来到偏远的非洲国家推销自己的鞋子，可是他们意外地发现，当地的人民根本不穿鞋子，而且他们很少穿上衣。哥哥认为没有希望就回去了，而弟弟则留了下来，依照这个国家的习俗和他们一起生活。当他们接受了他时，弟弟穿着鞋子出现了。大家都很好奇，都来试穿鞋子，发现鞋子非常舒服。一年后，这里所有人都穿上了鞋子。

感悟

每个国家和民族都有自己的风俗习惯，入乡随俗，才能做到最好的推销。

永远不与趋势为敌

你若想尝试一下勇者的滋味，一定要像个真正的勇者一样，豁出全部的力量去行动，这时你的恐惧心理将会为勇猛果敢所取代。

——丘吉尔（英国首相）

我常常思考一个问题：怎么样才能获取到更多的财富？靠勤劳？靠眼光？靠运气？靠关系？靠读书？我相信思考致富。我从来没有停止过对财富的思考，也从来没有停止过要在财富上获取最多的念头。我发现，决定我们所谓的荣辱成败的，很大程度上并不是我们的能力，而是大趋势——你是否掌握了大趋势，顺应了大趋势。

比如说过去的房地产浪潮，比如说股市，比如改革开放初期的下海经商，比如说股权，只要你顺势而为，大趋势就会推着你滚滚向前。因此，赚大钱不是靠勤劳，也不是靠学历，而是靠大趋势。

在两千多年前，太史公司马迁在《史记·货殖列传》里面就清晰地表达过，获取财富有三个层次："无财作力，少有斗智，既饶争时。"太史公的话简言之，就是：挣钱的第一层次是出卖劳动力、时间；第二层次是靠智力、技术；第三层次是靠大趋势。显而易见，靠大趋势才是最高境界。

有财商能量营的学员问我："许老师，你说'赚钱是很辛苦的很累的'这句话是错误的。那你教教我们怎么赚钱不累？"

我回答："顺应趋势，永远都不要与趋势为敌。你赚钱就会很轻松。"

接下来我给大家举几个例子。

关于房地产投资：从投资回报率上分析，最好的时代已经一去不复返了。未来人口净流入的城市房价还会维持上涨，但这都是局部的机会，构不成大趋势。

关于股市：如果没有内幕消息，想持续、稳定地获利可以说是个小概率事件。

关于海外投资：从一个经济增速 6% 的经济体（中国），跑到一个经济增速 3% 都罕有的经济体，这实属本末倒置。而且你出去之后，会发现除了房地产，其实并没有什么好的资产可投。如果你不缺资金，可以考虑投资经济快速增长的国家的优质房地产。比如印度尼西亚、马来西亚、泰国、柬埔寨、越南等。

关于股权投资：未来十年有大机遇，这个市场就是挂牌数量已经超过 1 万家的新三板市场。这个大趋势就是接下来即将爆发的新三板企业的 Pre-IPO！这里面潜藏着 2000 家完全符合创业板 IPO 条件的企业，因为缺少流动性，它们现在还处于价值的洼地。

关于黄金白银投资：这很大程度是为了占有那种稀缺的，且生生不息的资源或品种。金银天生具备充当货币的优良特点，还具备对抗通货膨胀的功能。黄金是稀缺的，而且可以用作资金避险。白银被广泛应用于工业的方方面面，一天天被消耗，越来越稀缺。根据市场供需关系，根据现在和过去金银的价格比例，白银未来十年的升值空间还是很大的。

很多人把投资看得非常复杂，认为投资风险很大。这样的想法障碍了他们踏出第一步。投资其实就是找大概率！找大概率能成的地方投资，找大概率能成功的行业投资，找大概率能成功的人去投资。趋势性的机会就是大概率。

宣言

我采取积极的个人行动来实现幸福梦想和心愿。

我拥有了财务上的自由，我工作是因为我选择，而不是一定要。

韩国菜干

韩国有家专营蔬菜生意的公司在一次海外旅游时发现，中东地区的人们很喜欢吃一种菜干，而这种菜在韩国非常普遍，韩国人很少喜食。于是，这家公司在国内大量收购这种蔬菜，再转运中东地区。结果由于成本低，利润相当可观。在韩国相当廉价的商品，将其销售到另一个地区，却创造了可观的利润。

感悟

商品经济发展到今天，流通的领域已经相当广阔。因地制宜可以让产品随地产生更多价值。

财务报表是你的社会成绩单

> 金子，黄黄的，发光的，宝贵的金子！只要一点点儿，就能够使黑的变成白的，丑的变成美的，错的变成对的，卑贱的变成尊贵的，老人变成少年，懦夫变成勇士。
>
> ——莎士比亚

你想倍增你的财富吗？你想改善自己的财务健康状况吗？你想实现财务自由吗？那你一定要学会分析财务报表——你的社会成绩单。

财务报表是你的财务健康体检表，也是能预测你未来财务状况的水晶石。但是在中国，有很大一部分人看不懂财务报表，也分不清什么是资产什么是负债。如果你想致富的话，必须能够读懂金钱的语言，就像你如果从事计算机的工作，必须能够懂得计算机语言。学习财商正是从富人的语言和财商的词汇开始。

要看懂财务报表首先要能分清楚什么是资产，什么是负债。

简单地说，资产是把钱放进你的口袋，而负债则是把钱从你的口袋掏出。决定一个东西是资产还是负债的是什么呢？是现金流。

财务报表包含了收入支出表、资产负债表和现金流量表。为什么穷人越来越穷，中产阶级总是在债务的泥潭里挣扎，而富人却越来越富有呢？因为穷人只有支出，中产阶级总是去购买自己认为是资产的负债，而富人关注的是财务报表的资产项，资产带来现金流，富人关注自己的事业。

财务知识不是一门深奥的科学，建议使用“KISS 原则”（Keep It Simple Stupid），即“简单傻瓜财务法则”，用游戏和画图的方式轻松快乐学习。比如，我会通过现金流游戏让学员填写自己的财务报表，不同的职业对应不同的财务报表，然后再让学员分析自己真实的财务报表。

很多人的财务报表并不是一幅美丽的图画。他们从小就被教导要为金钱工作，为他人的事业忙碌，而忽视了关注自己的事业。他们只关注收入栏，而收入也都是用时间换来的工资收入。他们没有养那个会生金蛋的金鹅，没有那个能把钱放进口袋的资产。

要想改善你的财务健康状况，你要做的第一步就是填写你的财务报表。为了到达你要去的地方，你需要知道你现在在什么地方，你需要学习关注你的资产项，关注自己的事业。

你要做的第二步是设定财务目标。比如 12 个月的短期财务目标，5 年的长期财务目标。目标必须是有时间限制的、具体的、可以达成的。

当你清楚分析了自己的财务报表，知道了自己的财务状况，还设定好了财务目标时，你就需要控制自己的现金流，每天坚持学习财商，最终让自己的非工资收入大于总支出，实现财务自由的目标。

宣言

我很富有。金钱从许多不同的来源流向我。

我的业余生意就是管理和投资我的钱，并创造出源源不断的被动收入。

顾客认可后再定价

美国沃尔弗林公司生产的一种松软猪皮便鞋，名为“安静的小狗”。这种鞋定价要多少合适呢？他们打算定位在5美元上下，却不知道消费者是否认可。于是，就先进行试销。先把100双鞋无偿交给100位顾客试穿。待8周之后，公司派人登门收鞋，如有人想留下，就交5美元。后来，多数顾客都留下了鞋子。得到这个消息，公司马上把价格定为7.5美元一双，并开始大批量生产。这次销售获得了极大的成功。

感悟

有时候，只有“明白”了顾客“认可”的标准之后，你的定价才会更贴近市场，你的产品才会真正成功。

在投资中修行

房东在睡梦中致富。

——约翰·穆勒（经济学家）

投资是一场修行，投资市场最终比的是修养、人格、见识。市场从来都是明白人挣糊涂人的钱。在市场中交易，面对价格的涨跌，现在你无从下手，是因为你才刚刚起步，当你将交易变成一项技能、一种习惯、一个本能反应的时候，你会发现，交易变得无比轻松。当你懂得交易的精髓，投资将成为你生活中一件有趣的事情。

"股神"巴菲特认为，当一些大企业暂时出现危机或股价下跌，出现有利可图的交易价格时，应该毫不犹豫地买进它们的股票。投资必须是理性的，如果你不能了解它，就不要投资。首先要学习投资，并把它变成一种乐趣。学习在金融投资形式中出现的产品、服务和新概念也是件够刺激、够令人振奋的事情。一个成功的投资者通常是个考虑周全的人，能用天生的好奇和有理智的兴趣进行工作以赚取更多钱财。

投资成功的关键——耐力胜过头脑。你一定要充实自己，不要让证券专家和报纸的不实宣传影响自己的决定。要记住，在其他人都投资的地方去投资，你是不会发财的。如果你没有持有一种股票 10 年的准备，那么你连 10 分钟都不要去持有它。

不论你使用什么方法选股或挑选股票投资基金，最终的成功与否取决于你是否具备一种能力——不理睬环境的压力而坚持到投资成功的能力。决定选股人命运的不是头脑而是耐力。敏感的投资者，不管他多么聪明，往往经受不住命运不经意的打击而被赶出市场。

要想做一个成功的投资者或者企业主，对赚钱和赔钱，你必须保持情感上的中立，只把二者当成游戏的一个部分。如果你想变富，你需要思考，独立思考而不是盲从他人。思考致富，富人最大的一项资产就是他们的思考方式与别人不同。

我的赚钱公式是：第一，购置赢利性资产。第二，没钱时，不要动用投资和积蓄。压力会使你找到赚钱的新方法，帮你还清账单，这是个好习惯。学生时代我就一直在学习如何投资，而大部分人学的是毕业以后怎么找到好工作。我可以很敏锐地发现很多投资项目，很多人却对它们视而不见。在中国可能很多人都意识到应该去投资，但是，他们在思想上还没有做好充分的准备，也就不容易发现一些投资项目。大多数中国人都在做着有高薪收入的工作，但是事实上高薪并不能使你致富。只是有好的工作，有好的收入，并不能代表就有财富。如果你想致富，就必须将职员的思维模式从脑海中“删除”，使自己具有投资者的思维模式——让钱来为你工作，而不是你去为金钱工作。打破思想惯性，打破传统局限，想方设法走进I（圈内投资者）象限。从关注收入转移到关注资产。

宣言

我把我的手伸向富裕和成功。

我是吸引金钱的磁铁，各种各样的繁荣都被我吸引。

赔钱也做

有一次，巴基斯坦商人向山东荣成橡胶厂提出要定做5套特殊规格的轮胎。这么少的订货量明摆着是亏本的事，但是这个厂从长远利益考虑，应承下来，赔钱也做了。后来这批货带来了大生意，巴基斯坦商人又订了几万套这种轮胎，使得该厂的轮胎销量一下子大增。

感悟

经商做生意，眼光要长远，为了更大的发展，不妨先吃点亏。

用大脑看待金钱，而不是眼睛

小的机遇往往是伟大事业的开始。
——狄摩西尼（古希腊演说家）

用大脑看待金钱，而不是眼睛。什么意思？在你能看见物质的金钱之前，你不得不首先用你的大脑使它具体化。我们假设你将要买入一个破旧的房产然后要将它卖出赚取利润。你将对这个房产如何进行改进？你将以多少钱购入？你将用多少钱来翻修？你去哪里找人购买它？当它被翻新后你以多少钱卖出？在采取行动之前你不得不将所有的问题在你的大脑中具体化。

我们不能光用眼睛看钱，更要用脑袋多思考，思考才能致富。我的一个学员在惠州准备投资一套房子，价值100万人民币，我看到这房子的房贷比租金贵，出租后的月现金流是负的，就问他："你准备好每个月赔1000元了吗？"他说不会亏，房子每个月都在升值，过几年就翻倍啦。我便给他解释投资收益率怎么计算，用财务报表分析他自身的财务现状。房子的成本管理和维修费情况如何？房价跌了该怎么办？租不出去该怎么办？是投资还是投机？95%的人都用眼睛投资，只有5%的人靠头脑。为了房子几年后会价格翻倍而购买，也和投机赌博无异，这个方法是不能帮你实现财务自由的。

然后这个学员通过不断地对比不同房产，修改条款，谈判压低价格，最终买了一套房子，出租后即使扣除房贷等所有支出，还能得到200元的月现金流。虽然没有赚到多少钱，却把房子从负债变成了资产。从玩资本利得的游戏（低买高卖）转为玩现金流游戏，这样就能更好地赢得金钱游戏。

像巴菲特一样思考，买入一家公司，一定要做好股市关门五年的准备，没有价差，甚至价格下跌你也一样能从它身上赚钱。这才是投资的意义。

如果你想成为那5%靠头脑思考的人，你就需要一个给你带路的人，而这个给你带路的人，就应该来自企业主象限或者投资者象限。然而，通常很多带路人都是盲人带路，比如你的股票经纪人自己炒股都可能没赚到钱。你问房地产经纪人房价会不会涨，应该首先问他自己有没有投资房产。既然是稳赚的，为什么房地产公司要卖？为什么经纪人他自己不买？要想赚钱就要先训练自己认识钱。

我们讲投资的时候经常会说投资收益率、市盈率、市净率等等。这些都是投资的语言，我们需要让大脑多一些财商的词汇，时刻考虑钱的问题，像富人一样思考。如果你脑子里没有钱，那么手上也大致抓不住钱。电视上常说“投资有风险，入市需谨慎”，其实投资本身没有什么风险，财务上的无知才是最大的风险。学好财商，给自己安装富人思维，像富人一样思考，比什么都重要！

宣言

我现在被许许多多机遇包围。

我掌握了富人致富的秘密，我赢得了金钱的游戏。

整体化经营

美国有两位年轻人，曾经对美国的理发行业进行了整体的研究，结果发现，过去的理发店是一家一户地经营，没有大钱可以赚。一般老板就是理发师，只能得到比一般工人多一点的钱。两位年轻人非常高兴地在市区同时开了十多家联合经营的理发店，使得理发设备和工人得到充分利用，在规定的时间内提供标准化、高质量的服务，保证顾客随到随理，不用排队等待。这种整体化系统经营法使他们获得了极大的成功。

感悟

事业只有做大，采用整体化运作、连锁运作，才能带来巨大的财富。

视困难为机遇

机遇，通常它来自不幸或暂时的失败。

——拿破仑（励志大师）

困难就是机遇。丘吉尔说："你克服的困难就是你争来的机会。"如果你想变得富有的话，遇到困难你就不要逃跑，而是去克服它。你介意支付金钱给别人以帮你解决困难吗？我想大部分人的答案应该都是否定的。因为你可以解决自己的部分问题，但是总有问题是你不能解决的。例如，如果你牙疼，你介意向牙医支付金钱帮你解决问题吗？在咨询牙医时，你是会先查查看牙医的费用呢，还是让牙医先帮你解决问题呢？

其实你富有的程度与你解决人们的问题和赋予他人生命价值的多少成正比。你要学习如何为人们排忧解难，因为做任何生意或工作不过是有偿地帮助人们解决难题。要想得到更多回报，就要为更多的人排忧解难。你不是一个人活着。如果你想真正意义上变得富有，你必须对其他人的生活有所贡献。如果你能自己解决自己的问题那是好事，但如果你能解决别人的问题那就更好了。你能解决的问题越多或越大，你就可以从人们那赚取越多的钱。现在开始看看世界上的所有问题，有哪些是你能搞定的。

开始思考，开始观察。视困难为机遇，因为“舒服”不会带来“有钱”。只有一个状况下你是真正在成长的，那就是你觉得不舒服的时候。你的非舒服区就等于你的财富区，要愿意做有挑战的事。如果你只想做容易的事，生活会变得很艰难；但如果你愿意做有挑战的事，生活会变得容易。每个成功者曾经都是失败者，但是他们能从失败中学习和成长。没有摔过跤的孩子，永远都不会奔跑。富人想大做大，敢想敢做会带来金钱和意义。局促的思维和行动则会导致穷困和无成就感。选择权在你手中！

宣言

每天我一睁开眼睛，无数的机会就包围着我。

我全力以赴去创富，整个宇宙都在爱我，引导我，支持我，并且为我创造奇迹。

农夫和商人

农夫和商人在街上寻找财物。他们发现了羊毛，两人就各分了一半捆在自己背上。归途中，他们又发现一些布匹，农夫扔掉了沉重的羊毛，选了些好布匹，贪婪的商人将农夫扔的羊毛和剩下的布全捡了，缓缓前行。走了不久他们又发现了银器，农夫扔掉了布，捡了些好银器，商人却被沉重的羊毛和布匹压得无法弯腰。突降大雨，商人的羊毛布匹全淋湿了，而农夫卖了所有银器，生活富足起来。

感悟

没有一个人可以获得所有财富，适当的放弃可以获得更大市场。

视金钱为想法

一个拓展并付诸行动的想法，比仅仅作为想法存在的想法重要得多。

——爱德华·波诺（《六顶思考帽》作者）

为什么有人成了富翁，而另一些人却终身受穷？为什么有人成为守财奴，而有人却从捐献中得到比获得金钱更多的快乐？为什么有人成为赌徒与挥霍者，而有人则成了企业界大亨？

金钱本来只是一种交换工具，但现在，人们对它已经失去理智，金子、银子、现金……这些词汇在字面上都只有一个简单的意思，但它们却似乎带有一种神秘的心理力量。

Money is an idea. 一个如何解决问题的想法，尤其是如何解决他人问题的想法。看看其他人需要什么：省时和省钱的，赚钱的，使内心平和的，使生活环境舒适的，被认同的，能够成长和学习更多的，能够用来娱乐消遣的……这样的例子不胜枚举。

“股神”巴菲特解决了什么问题呢？他帮助人们赚更多的钱，吸引人们投资他的公司——伯克希尔·哈撒韦公司（美国保险公司）。他也通过他自己的许多公司为人们提供工作岗位。再看看乔布斯、比尔·盖茨和许多其他的企业家，他们不仅仅通过产品或服务为人们解决问题，也创造了许多工作岗位。成功的企业家全都以解决某个问题的想法开始，然后他们投入激情、行动和坚持去实现他们的想法。

金钱是一种观念。你可能一时不明白，那就先记住它吧。它太重要了，它是打开宝库的钥匙。你认为什么东西值钱什么东西不值钱，所有这些都是你的观念。只有摒弃错误的金钱观念，树立正确的金钱观念你才可能变得富有。举个例子，对孩子说：“去上学，考高分，这样你就能找到一份安稳的工作。”这是一个非常糟糕的观念。如果你想富有，就要把“找一份工作，努力工作，然后存钱”这类想法从你头脑中剔除。因为这是穷人的想法，有这些想法，你几乎永远不可能富有。

言谈和想法会影响一个人的生活。大多数人没有意识到，他们所拥有的最有力的工具，就是他们的观念、他们说的话。

富人和穷人的区别，在于他们平常怎么说话。语言会成为观念，观念反过来又影响你的语言。比如，穷人常说“我买不起”，这是因为他们只有穷人的精神、穷人的心理、穷人的情绪以及穷人的感情。你要多看财商类书籍、听财商课程语音、参加财商类课程，并与优秀的人交往。在改变财务状况之前，你首先要改变的就是观念。除非改变观念，否则你什么也改变不了。

宣言

无论如何我都在快乐地享受幸福，享受金钱提供的一切美好。金钱代表着能量，金钱使我的生活充满乐趣。

长线投资

一位8岁的小女孩拿着3角钱去瓜园买瓜，瓜农见她钱太少，想让她知难而退，便指着一个未长大的小瓜说："3角钱只能买到那个小瓜。"小女孩答应了，兴高采烈地把钱递给瓜农，瓜农很惊讶："这个瓜还没熟，你要怎么吃它呢？"小女孩说："交上钱这瓜就属于我了，等瓜长大长熟了我再来取吧。"

感悟

长期稳定有效的投资方式，是年轻人的最佳选择。

勇于改变现状

男人和女人实现伟大事情的一个普通共同特征就是使命感。

——博恩·崔西（励志大师）

为什么世界上消极悲观的人比积极乐观的人多？为什么穷人比富人多？

这与头脑里装有什么有关。你的意念通过以下序列影响你的命运：意念—语言—行动—习惯—性格—命运。你的大脑接收了什么信息将通过你的行动折射出来。你要注意你给自己精神上注入了什么信息。

令我惊奇的是每次我提供了一个机会，大多数人将会给我指出所有的否定观点并告诉我这不可能。我很庆幸我选择不听他们的，否则我也不会成为今天的自己。如果你想成功，想成为千万富翁或亿万富翁，就要改变你的想法和你的现状。我说千万富翁或亿万富翁是因为我想帮助你改变你的现状。我想让你知道成为一个百万富翁已经不再稳定可靠。为什么？因为无论何时何地我问当地人一个百万富翁是否足够在中国有个舒适的晚年，大多数人都说不足够。

我想和你分享的观点是，金钱的数量不是最重要的，相反，你的角色的影响力和你给身边的人带来的价值才是最重要的。为了让你成为一个千万富翁或者变得更富有，你将需要建立信任，给足够的人带来足够的价值，为人正直，不断成长，然后为社会贡献力量。

要改变现状，关键是原则和决心。如果你真正想要改变自己的境况，你就必须用原则来约束自己，并下定决心。你不能再用以前的态度来对待自己：如果我现在开始筹划情况可能会不错。现在必须用“必须”这两个字。我必须采取措施和行动。我必须实施自己的计划，如果我不这样的话，其他人肯定也不会这样做。所有的一切都取决于我自己。

所以从今天开始，改变你的现状。告诉你自己那些“不可能”意味着“我可以”。除了丰富的知识和可靠的判断外，勇气是你所拥有的最宝贵的财富，也是成功必不可少的条件。

宣言

无论到哪里我都会成功，我所有的财富都是我应得的。因为，成功对我而言，是一种习惯！

布店的善心

日本有家经营各类纺织品的布店，生意平平。一次下雨，一些人急急忙忙奔到布店来避雨，店主忙叫店员把店里的几把伞借给避雨的人。虽然不少人仍没伞，但大家对布店产生了好感。布店的好形象因此逐渐传播开来，人们要买纺织品时，首先想到的都是这家店，这家布店的生意也逐渐兴盛起来。

感悟

借伞给顾客塑造了一个良好的企业形象，增加了顾客了解商品、购买商品的机会。一举多得。

成为企业家，赚更多的钱

> 我相信如果你告诉人们你的问题并给他们解决方案，他们将会采取行动。
>
> ——比尔·盖茨

创新是企业家的主要特征。企业家不是投机商，也不是只知道赚钱、存钱的守财奴，而应该是一个大胆创新、敢于冒险、善于开拓的创造型人才。企业家就是帮助社会解决问题的人。企业家的工作就是寻找世界上还未能解决的问题，然后找到方法去解决它。你不能解决的问题，你很可能会支付金钱给别人帮你解决，对吗？要赚更多的钱，你将需要通过帮助更多的人解决更多更大的问题来提升自身的价值。

成功须得整合别人的钱、资源、技能、时间、数据等。问题是大多数人想要整合别人，但是不想别人整合他们自己。就我个人而言，在别人向我展示他们的价值之前，我总是更愿意先向他们展示我的价值。作为一个职员，你很大可能会出售你的时间。事实上，你一天只有24小时，你又能出售多少时间呢？作为一个企业家，我建立人际圈，然后寻找一起工作的团队。如果我的队友投入更多的时间，我不介意做得比他们多。对于我而言，从100个人的努力中赚取1%比起从我自己的努力中赚取100%要好得多。

下一件要做的事就是建立一个商业体系，确保它不断做同一件事和赚取同比数量的金钱。当然，如果你想增加收益和利润，你将要在所有时间安排上进行改革。保持耐心，随着时间去建立体系。如果你能解决问题，你就能一次又一次地做这件事。好处就是下次你能更快地解决这个问题。如果你花费5年的时间成为百万富翁，你的下一个百万将会更快更简单地得到。重要的是不要放弃。但是，你不能一次又一次重复一个失败的行动，然后期待得到不一样的结果。任何成功者的第一桶金，都浸透着他们的血汗。有了第一桶金，第二桶金、第三桶金就容易一些了。原因并不是有了资本，而是你找到了赚钱的方法，有了赚钱的素质。人越有钱，就越是有人要给你钱，所以，越想让人给你钱，你就越要显得不缺钱。

请多点思考：根据时代的变化和社会的需求，我如何才能为社会创造更多的价值？我如何才能为社会创造更多就业机会？有什么东西是人们需要、又具有独特价值呢?

宣言

我生意的成功取决于良好的人际关系。

我每天都在建立更强大的人际关系。

我的人际关系越来越好，越来越高端。

颇翁摔瓮

一天，商人刘颇带着他的货车车队来到一条崎岖山路，只见前面一辆满载瓦瓮的驮车打滑不前，堵住了后面几十辆货车的去路。如果车队不能在半个小时之内赶到镇上，一大笔生意就没了。于是，刘颇问：“这车瓦瓮值多少钱?”那人说：“八千元。”刘颇沉思片刻后，叫人把钱如数付给他，然后叫手下人把瓦瓮车推下山崖，使后面的货车顺利通行。

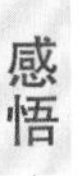

商场上，我们一定要从大局出发，关注眼前利益时，也要争取更大的潜在利益。

寻找人生导师

导师就是比你自己看到你身上更多的天赋和能力，然后帮助你把天赋和能力释放出来的人。

——鲍勃·普罗克特（《秘密》作者）

让我困惑的是，大多数人宁愿从自身错误中学习也不寻求导师的帮助。读万卷书不如行万里路，行万里路不如阅人无数，阅人无数不如导师点悟。导师可以是书籍、研讨会、成功者甚至失败者。我关注失败者和他们的行为，然后选择不像他们一样。他们中的大多数都是自负的人，认为自己什么都懂。我通常会远离这类人，然后和他们做相反的事情。我也会在研讨会的各种财商游戏中尝试犯一些错误，把错误犯在游戏里而不是现实中，把未来几十年会犯的错误在游戏中提前犯了。因为在游戏中，破产了可以重来，但是现实生活中，往往很难。

我通过读“富爸爸”系列的书和参加罗伯特·清崎的财商研讨会来向导师学习。因为走向成功最便宜和快捷的方法之一就是：模仿卓越。但为什么不是所有读书和参加研讨会的人都成功呢？原因之一在于他们关注的是为什么事情做不好而不是如何能将事情做好。当我在课堂上分享一些好的投资项目，讨论如何“低成本甚至零首付”购入资产时，很多学员首先会说“这个在中国太难了”“这个我买不起”“这个我做不到”这样的话。幸运的是，还是会有学员选择大胆尝试，去找方法，他们会问：“我怎么才能投资得起呢？”“我怎么才能做得到？”轻易就说“我办不到”，是一种思想上的懒惰。事实上，富人思维就像身体肌肉一样需要每天锻炼。脑袋越用越活，脑袋越活赚钱就越多。

导师的级数决定选手的表现。导师是去过你要去的地方，有相关的知识经验，能引导你走向成功的人。导师是一个已经做过并且成功地做到你想做的事情的人。看似免费实则最昂贵的建议通常都来自于身边的朋友或者亲戚。我的建议是，千万不要把身边的朋友当成导师。他们通常都是E象限的雇员或者S象限的自由职业者，却津津乐道地指导你如何成为B象限的企业主和I象限的投资者。朋友的职责就是嘻嘻哈哈做你的朋友，但是导师在你将要犯严重错误的时候是会踢你屁股的。我们在保持思想开放的同时，也要小心听取别人的意见，还要搞清楚这个建议是来自哪个象限，是来自穷人还是富人。

宣言

有钱人欣赏其他的有钱人和成功人士。

穷人讨厌有钱人和成功人士。

我渴望不断地向富有和成功的典范学习。

真的钻石

一个乞丐捡到了两颗真钻石，乞丐找来一块烂布，将钻石摆放在上面叫卖，街上人来人往，却没一个人光顾。乞丐收起钻石，到处乞讨，只为一身好衣裳。穿上衣服，他再找来一个陈旧的盒子，再次叫卖："卖钻石啊，本人外地富商，因遇强盗，只剩两颗钻石。"围观的人很多，钻石很快被人买走。

感悟

商场上看人说话，一定的包装是必不可少的。为取得别人的信任，要舍得花些小钱，才能换来大钱。

与正确的人结交

人与人之间有点小区别，但那点小区别会成为大区别。这个小区别就是态度。这个大区别就是乐观积极还是悲观消极。

——商业哲学名言

成功就是在正确的时间、正确的地点和正确的人做正确的事情。花更多的时间和正确的人在一起很重要，因为你的收入大概就等于身边最好的六个朋友收入的平均值。开始结交成功的朋友吧。物以类聚，人以群分。富人与成功人士结交，穷人常与失败的人为伍。能量是会传染的。要想和雄鹰齐飞，就别再与鸭子玩水了。书呆子是读死书，死读书，读书死。工呆子是做死工，死做工，做工死。钱呆子是赚死钱，死赚钱，赚钱死。

我会经常参加海内外各种研讨会，并花更多的时间和志同道合的人在一起。研讨会与会者通常很积极乐观和具有前瞻性，是他们各自领域的佼佼者。在他们的正能量和影响力熏陶下，我最终成为像他们一样的人。成功是一种习惯，失败也是一种习惯，平庸亦然。不断被正能量、积极的环境和乐观的人洗脑是很重要的。和你分享的同时，我也时刻提醒自己。

我每月花在看电视上的时间少于 2 小时。我也建议你停止看电视，开始花更多的时间和积极乐观的人往来。同样的，要远离消极悲观的人。如果你的朋友或亲人是悲观消极的，少花些时间和他们待在一起。能量具有传染性，你要么传染别人，要么被别人传染。消极思想就如同头脑里所患的麻疹，它带给你的不是渴望而是抱怨，不是兴奋而是挫败。

富人欣赏和学习其他的有钱人和成功人士，但很多穷人却讨厌有钱人和成功人士。从现在开始，练习去祝福你所想要得到的事物。去繁华的地方四处去逛一逛，或者买几本杂志，看看别人的漂亮房子、可爱车子，然后阅读几个成功企业的故事。不论你看到了什么东西是你想要的，都要祝福它，也祝福那个拥有它的人。把富人和成功人士当作欣赏和学习的典范。

宣言

我欣赏有钱人，我祝福有钱人，我也要变得和他们一样有钱。我模仿成功者和富人。如果他们能够做到，那么我也能做到！

金子与大蒜

有位商人带了两袋大蒜到了阿拉伯地区，这里的人从没见过大蒜，更想不到世界上还有味道这么好的东西。他们热情地款待了他，临别时送给他两袋金子作为酬谢。另一位商人听说后，带着大葱来到了这个地方。这里的人同样没见过大葱，甚至觉得大葱的味道比大蒜的还好。他们一致认为金子不能表达他们的感激之情，经过商讨，决定赠予这位朋友两袋大蒜。

感悟

做生意往往就是这样，谁速度快，谁就能占尽商机。

控制情绪，控制财富

舒服地表达情绪会让你和他人分享最好的自己，但是不能控制情绪将向他人揭露你最糟糕的一面。

——心理学名言

当情绪很高的时候，智商是最低的。你是否在向某些人说过某些话之后感到后悔？我就有过。假如我们的潜意识必须在深植的情感和冷硬的逻辑这两者之间做出选择，情感几乎是每战必胜。“股神”巴菲特的导师格雷厄姆曾说过：“无法控制情绪的人不会从投资中获利。”可见，消极情绪对我们的投资和财富影响很大，我们要学会自控，学会调节情绪的技巧，运用理智的力量对待任何人任何事。

控制自己的情绪，说起来比做起来简单。当你被错误地指控做了某事时，你的情绪会高涨。冲动犯罪就是高情绪、低智商的最好例证。如果你对金钱是充满愤怒、恐惧、罪恶感、羞耻或难过，这会对你的金钱造成负面的影响。如果你的动力来源并不是正面的，假如你是出于恐惧、愤怒而想致富，或者只是为了证明自己而想成功，那么即使成功了你也不会快乐。你会自动把感觉和情绪带入你在金钱方面所有的行为和决定。你的负面情绪就像是你注入在你的收入、财富以及机会上的铅块重量，会严重影响你的成功。

Emotion（情绪）= Energy in Motion（流动中的能量）。正面情绪会增加财富能量，反之，负面情绪会困住财富能量，它属于不完整的沟通。不完整的沟通周期是心理问题的主要来源之一。情绪度是生命力的外在呈现。在所有的情绪中，愤怒是严重的负面情绪，而情绪度最低的是冷漠、无助，这些人已经感觉不到希望了。

要展望新未来，就需要重塑过去。你会把过去的情感和情绪带入到你目前或是未来的人际关系中，进而影响我们的财富。我们会生气，通常都是因为无法得到自己想要的，都是因为未被满足的期待。这都源于不安全感、恐惧和害怕失去。对他人生气时，我们通常会产生报复心理，选择不给他人想要的，同时让他人消耗在情绪中。一定要坚持自己是对的人，通常是最可悲的。你的愤怒和怨恨会留在你身体中，而不会留在对方身上。这会使你生病，而不是他们。研究显示有 47% 的癌症都和没有解决的愤怒有关系。

我们该如何掌控情绪？

现在回想一个发生在过去的，因为金钱而至少对一个人生气的情绪事件。请从你当时的角度来写，表达你当时的感受。

完成之后，针对这个情绪事件，站在对方的立场，用第一人称“我”来书写，描述对方当时可能的想法。

你无须忘记，但必须要能够去宽恕。默念：“我对你之前做过的行为表示愤怒，但是你让我变得更强大了，我现在选择宽恕。”宽恕你的父母，宽恕你自己，宽恕所有人。

这个练习，是为了增加自我沟通的频率而做的生命的重演。每个人都做出当下自己认为最有利的选择。沟通是万能溶剂，选择沟通并且勇敢面对问题，是我见过最好的处理问题的方法。

宣言

在情绪控制我之前我将控制情绪。

情绪度是生命力的外在呈现。

情绪度越高，财富能量越高。

我是自己情绪的主人。

为一人买一厂

思坦因曼思是一家小工厂的工程师。一次他应邀给福特公司修马达。他到了之后，什么也没做，只是要了一张席子铺在电机旁，聚精会神地听了三天，然后又要了梯子，爬上爬下忙了多时，最后他在电机的一个部位用粉笔画了一条线，写上“这儿的线圈多绕了16圈”几个字。福特公司的技术人员按照思坦因曼思的建议，拆开电机把多余的16圈线取走，再开机，电机正常运转了。福特公司总裁福特先生得知后，对这位德国技术员十分欣赏，先是给了他一万美元的酬金，然后又亲自邀请思坦因曼思加盟福特公司。但思坦因曼思却向福特先生说，他不能离开那家小工厂，因为那家小工厂的老板在他最困难的时候帮助了他。于是，福特就把这家小工厂买下来了。福特认为，公司为凝聚人才要不遗余力。

感悟

知识创造财富，人才可变“人财”。

忽视批判，热爱自己

我曾有过批判，然后我和这一切洗清关系。

——斯托克顿（美国作家）

要想成功，你需要学会忽视批判。无论你做了什么，都将会有评论家评头论足，所以，让我们直面它吧。重要的是问心无愧，保证你是在给人们提升价值，而不是做对人们有害的事。

不要试着去取悦任何人，即使再优秀的人都有缺陷。所以为什么要让人们说的或认为的影响你呢？接受你不完美而且将来也不会完美的事实，然后无论如何都要接纳自己、爱自己。

不要让别人的批判将你击垮，不要让别人阻止你做生命中应该做的事情。记住“你如何看我，与我无关”。

“人是要成功地生活，而不是生活在成功中。”我相信很多人的过去都和我一样，好像大部分时间都是想要“活在成功中”。我们一直在拼命地学习、考试，为的只是分数、好学校、父母的赞扬、朋友和社会的认可、地位，等等。但是，现在我终于明白，做任何事情的理由都只有一个，那就是我很享受这件事情。

我们经常会因为自信心不足、自我价值不足而做事不坚定，容易受他人影响。而克服的方法就是写成功日记——拿一个笔记本，把自己所有做成功的事情记录进去。我建议你每天至少写五条个人的成果或者你觉得自己很成功的事情，任何小事都可以。开始的时候也许你觉得不太容易，可能你会问自己，这件或是那件事是否真的可以算作是“成果”。在这种情况下，你永远都应该做出肯定的回答，过于自信比不够自信要好得多。成功是一种习惯，失败也是一种习惯，平庸亦然。成功会吸引成功！要取得成功必须提升自信心。自信心提升了，自我价值和自我配得感也会跟着提升，你的自我形象也会感觉到越来越良好，这些都是我们内在的镜子。

每天用10分钟不间断地记录自己的成功，并且不间断地设想未来。不论在什么情况下，都要坚持每天如此。什么？很忙？没有时间？那就每天早起10分钟！困难总是在不断出现。尽管如此，还是要每天不间断地去做对未来影响重大的事情。你为此花费的时间不会超过10分钟，但就是这10分钟会让你的一切变得不同。

宣言

我热爱我自己！

我如何看待我自己是最重要的。

我要做最好的自己。我是一个表里如一的人。

穿格瑞丝特

胖女士南茜的服装店开业一年，其资本就由5000美元增加到10万美元。她主要经营较为肥大的服装。她的店员都很小巧，她们的服务很讲究。比如说，为了不让胖女人尴尬，她们店的衣服尺码都用人名代替。玛利是小码，格瑞丝特是大码。到这儿来的胖女士都会受到极大的尊重。该店因此顾客盈门。

感悟

让顾客舒服了，你的生意就好做了。有时候，适应顾客心理“变化”要求的服务细节必须“细致”到位。

笑对逆境，直至成功

在每次困境中寻找胜利的果实。
——奥格·曼狄诺（《羊皮卷》作者）

每个人，无论是富人、穷人还是中产阶级，都有属于自己的问题和挑战。对此，我们无法躲藏或逃跑，我们只有两个选择：要么变得沮丧放任问题变得更大，要么笑对困难直到问题解决。

成功的秘诀不是畏惧、逃避你遇到的问题，而是让自己成长，强大到能应对任何问题，强大到能俯视任何问题。让自己大过问题，而不是让问题大过自己。如果你的生活里，有一个大问题，这只能说明一件事：你很小！记住：杀不死你的只会让你变得更加强壮。尽你所能去解决问题，而不是让问题消耗你的情绪。

富人总认为问题不大，但穷人往往觉得问题很严重。他们不愿意面对挑战、曲折和障碍，只想避免麻烦，只求不要有任何问题。但是，成功的秘诀就是你不断成长。假如你把自己的能力由第一级提升到第十级，那么一个第五级的问题不过就是小问题罢了。如果你认为推销是一个大问题，那么你就被穷人的思维方式给限制住了。能处理的问题越大，你掌握的事业也越大，能承担的责任也越大，而能处理的钱跟财富也会跟着增加。

不要试图逃避失望，而是要为它做好准备。这并不是说应该消极地面对失败，而是做好心理准备，保持学习的心态，让自己的情感和精神都能得到能量的提升。正如索罗斯说的："如果你没有做好承受痛苦的准备，那就离开吧，别指望会成为常胜将军。要想成功，必须冷酷！"

从过去的销售经历中，我学到了一个非常宝贵的经验，那就是要把失望转化成资产，而不是负债。我发现一些害怕尝试新事物的人，他们害怕的其实是失望。如果你能准备好淡定地面对失望，你就拥有了把失望变成资产的能力，这个资产能让你的内在变得更强大更富足。但是大多数人把失望变成了负债，而且是长期的负债，这让他们的内心变得更加脆弱，经济上更需要安全感和依赖他人。就像每个问题都蕴含着机会一样，每次的失望都蕴藏着无数的智慧结晶。

每当你因为某个"大"问题而沮丧的时候，就指着自己，然后深呼吸，对自己说：“我可以处理任何问题，我比任何问题都强大！”

现在就拿出纸笔来，写下你在生命中遭遇过的一个问题，然后写下十个你因这个问题所采取的行动，它们肯定能解决这个问题，或者至少能改善这个情况。这样做可以帮助你把在脑子里想的问题转移到用实际行动解决问题。

宣言

我比任何问题都强大。我可以处理任何问题。

此时此刻我成功了。

我大过问题，而不是问题大过我！

小小包装袋

女孩朋友的生日到了，她到礼品店细心挑选了一款饰品。店主开始包装，将饰品用彩纸与丝带装饰，等包装完毕店主才发现，与礼品相配的包装袋没有了。他随手取过一个旧的包装袋将饰品放进去，这时候，女孩说话了："这个饰品我不要了。"店主很奇怪。女孩说："正是因为拿来送人，所以要包装精美。"店主还要解释，女孩怎么都不接受，最后只好退款。

感悟

细节决定成败，小小的细节足以造成生意的损失，对待客户不能随意、马虎。

听从内心

如果你热爱所做的，那么你的一生中永远没有工作日。

——马克·安东尼（著名歌手）

当你相信你必须做某些事情的时候，听从你的内心，然后无所畏惧地去做。更重要的是，这件事给他人带来不仅仅是金钱收益，更是价值。当你给他人带来价值的时候，金钱会在你最需要的时候来到你的身边。我曾有过无数次这样的经历。当我需要钱的时候，我只要给他人带去价值，金钱就会在我最需要的时候来到我身边。所以，如果你想赚很多的钱，你只要给很多人带去很多价值就可以了。

大多数人是为了金钱而工作，而不是为了自己热爱的事情而工作，他们用大脑而不是用心去工作。我热爱我做的事，而且我一点也没有退休的打算。只要仍有动力，我就会做我热爱的事情。我所做的事使我身心愉悦，我只想听从内心。或许你也能够找到你热爱做的、值得做的事情，而这些事情都会给人类带来价值。

就追求成功和快乐来说，你最应该学习的技巧就是训练并管理你自己的心。其中包括发挥觉察力，觉察力即观察自己的想法和感受，思维和行为。它能让你在当下做出遵从内心的选择，而不是被过去的惯性牵着鼻子。运用强力思考法，增加对事物的渴望和感觉，运用你的内心去创造财富。观察你的内心和你的思考模式，只接受那些会支持你得到快乐和成功的念头。挑战你脑子里总出现的“我不行”的声音，只要它试图阻挠你去做某件可以帮助你成功的事，你就偏要去做，要让你的心灵知道，主人是你，不是它。这样一来，你可以大幅度增强自信，这个声音会变得越来越安静，最后，对你丝毫不起作用。

要用自己的内心创造财富，就要学会觉察和管理自己的内在。内在拥有，外在成为！外在世界所有的财富是内在世界修养的一种呈现，而连接内在世界和外在世界的唯一桥梁是什么呢？是行动！富人就算恐惧也会采取行动，穷人却会让恐惧挡住了他们的行动。真正的战士，可以驯服这条叫作“恐惧”的“眼镜蛇”。

宣言

我会用我的内心创造我的财富。

我接受生活，生活向我提供了我需要的一切。

我接纳丰盛和繁荣进入到我的生活中！

购买黄土

一个大学生即将出国留学，出发前他一个国外的朋友让他为其带一包家乡的黄土。这名大学生由此得到启发：中国留学生长期在外，思乡是难免的，如果自己将家乡的黄土带到国外去销售，既无成本，又有市场。去到国外后，他将带的泥土小份分装，低价出售，许多中国留学生闻名前往购买。很快，他带去的泥土就卖完了。

感悟

人的感性需求可以演化成多种产品需求。

拥有诚信、声誉和品德

真正的诚信是在不管别人有没有可能知道的情况下坚持做正确的事情。

——奥普拉·温弗莉（脱口秀主持人）

做人要有诚信，诚信重于泰山。再穷，不要欠钱玩消失；再难，不要说话不算数。堂堂正正做人，明明白白做事。永远不要丢掉别人对你的信任，因为别人信任你，是你在别人心目中存在的价值。可以说，诚信的人赚钱的机会比较多。

诚信是一切的根本。当你失去金钱时，你没有损失；当你失去健康时，你失去一些；当你失去诚信时，你失去一切。

声誉可以赚到钱，钱却买不回声誉。巴菲特告诉子女，告诉30多万名员工，告诉下属80多家公司的总经理，无论做人做事做企业，成功只有三个关键因素：声誉，声誉，声誉！巴菲特非常明白，对于企业长期的成功而言，声誉就是一切。

声誉这个词其实融合了我们平时所说的四个词：名誉，信誉，名声，美誉。其实声誉并不只是名气，也不只是知名度，也不只是品牌，更多的是在长期的接触和了解下逐渐形成的高度信任和高度好感，有点像你多年相交甚好的老友。因此，你愿意以钱相许——购买声誉高的公司的产品和服务，愿意以身相许——自己或者建议孩子成为这家公司的一员。声誉好，代表别人相信你，喜欢你，尊敬你。

如果你想要变得富有，你需要在生意场上树立很好的声誉。如果你没有为用户创造价值，绝不收别人的钱。记住，世界非常的小。善有善报，恶有恶报。你在哪里，你的声誉就在哪里。声誉是我们最有效的资本，它 24 小时不停地为我们工作。

做人，品德是最硬的底牌。在人的一生中，品德每时每刻都会起作用，要么是你的宝库，要么是你前行的绊脚石。试想，如果你在二三十岁时就被人贴上一个不道德的标签，往后你的人生路该怎么走呀？只有以好的品德待人方可终身受益。

厚德载物。厚，深厚的意思；德，按照自然规律去工作、生活、做人做事；载，承载；物，我们所有的财富，我们的一切。与之相反的一句话是德不配位。打个比方，一张只能承受 10 斤重的桌子，你非得往桌上放 20 斤、50 斤的东西，这张桌子会怎么样？它会发抖、变形甚至倒塌。金钱、权力、名望都是自己的福报，都是压自己的物，你能承载得了吗？靠什么承载？靠符合万物规律的德行。人最值得尊重的，正是他在追求和奋斗过程中表现出来的优秀的品格。真正的幸运属于拥有优秀品格的人。品德是金！

宣言

我诚信地过每一天，我履行对别人和对自己许下的承诺。在经济活动中，信用就是金钱。我就是钱，钱就是我。

过期的面包

一家面包店的老板十分注重质量，规定超过生产日期3天的面包都要回收。一年，镇上受洪灾，很多人没有食物，面包店回收过期面包的车经过灾区，灾民们要求他们把面包送给他们食用。伙计想到老板的规定坚决不肯。不少记者也围了上来，伙计请求老板，老板很快开着一辆装着新鲜面包的车来了，将新鲜面包分给大家，记者将这一幕拍下来，大力报道，面包店因此声名远播。

感悟

质量是产品的生命，维持产品生命，就是维持自己的财富寿命。

有远见，成为你要成为的人

未来属于那些有先见之明的人。

——约翰·斯卡利（百事可乐总裁）

为什么富人很会管理他们的钱，而穷人却很会搞丢他们的钱？因为富人思考问题有远见，他们会平衡花钱和享受以及储蓄和投资以保障未来的财务自由，还会让自己有部分钱做慈善。而穷人目光短浅，他们活在即时享乐中，常常认为理财和慈善是富人的事情。

穷人和富人的差别不光在金钱数目上，还在于管理金钱的方法上。富人管理金钱的秘诀之一就是：没钱时，不管多么困难，也不去动用投资和储蓄，而是让压力促使自己找到赚钱的新方法，以此来还清账单。

在财富上要有远见，多做长远思考和规划。经济上的富足来自于事业上的成功，成功并不能一蹴而就，你需要运用你的知识和智慧，脚踏实地地奋斗和努力。我建议你多用沙盘游戏模拟和规划。比如，“大富翁”游戏的致富秘诀就是：先买4个绿房子，然后把它们卖掉，再去买一座红色的大酒店……这就是全部规则。当不动产市场变得很不好时，我们用我们手头有限的钱购买尽可能多的小住宅。当市场改善时，我们卖掉4个绿房子，然后买1个红色的大酒店。我们不必工作，因为我们红色的大酒店、公寓和迷你住宅会给我们带来现金流。从小生意到大买卖，财商一步步在提升。当然，现金流游戏也蕴含着同样的金钱规律。

除了不动产，你还可以做汉堡包，建立汉堡包企业并授予特许经营权。几年后，不断增加的现金流会为你提供多于你支出的钱。

你想成为那个拥有4个绿房子和一个红色酒店的人吗？我们要做什么才能成为富人呢？

跟你分享一条致富的公式：Be → Do → Have，即成为→去做→拥有。

这是富人的成功顺序。但是穷人和中产阶级的顺序却是：拥有→去做→成为。等我有钱了，我就会理财了。等我有钱了，我就会做慈善。他们认为拥有是成功的前提条件。

拥有→去做→成为是普罗大众在经历的一种人生。如果他们仍旧持有穷人或中产阶级的信念和思想，却做着富人做的事情，那么他们最终将仍旧只能拥有穷人和中产阶级拥有的财务，并且肯定会变得更加困窘。

重要的不是你做了什么，重要的是你要成为一个什么样的人。如果你是一个容易灰心气馁的人，总是说“我做不到”或者“如果我失败了该怎么办？”“如果我被别人拒绝了该怎么办？”“如果我被别人耻笑了该怎么办？”这就是你个人的本质，是你思想和情感真实的反应。你决定成为一个什么样的人很重要，好好地改变一下你的思维模式和处事的态度吧！

宣言

致富的机遇总是自动被我吸引过来！
我在脑海里清晰地看见了我实现真正目标时的画面。
我看到了实现了财务自由之后的幸福画面！

丝绸专家开餐馆

据说，以前日本的丝绸生产技术一直不过关，而英国的丝绸生产技术水平却很高。于是，日本人就集中这个行业的专家学习烹调技术，然后在英国一家丝绸厂附近开了一家餐馆，等到和丝绸厂的人混熟后，餐馆宣布倒闭，这些专家们都进丝绸厂打工。一年后，这些专家们又带着最先进的丝绸技术回日本了。

感悟

在赢取财富的过程中，要深入下去。如果你只知道把握提高，而不知道适当深入，就会错失许多良机。

远离贪婪，远离贫穷

贪吃蜂蜜的苍蝇准会溺死在蜜浆里。

——盖伊

“贪”和“贫”这两个汉字的结构非常像，连笔画数都正好一样。两者是一念之间，亦是一线之隔。因为两个字有因果关系，所以是一念之间，而且它们的文字结构又相近，所以是一线之隔。“贪”字拆解开来是“今”与“贝”，今者今日，贝者财富，所谓今日之财，所谓短利。“贫”是“分”与“贝”之合体，亦即与财分离，无财是谓“贫”。只见短期利益而贪婪无度，会使承受的风险无限扩大，最终只会以“贫”收场。

你知道变得越来越贫穷的人都是因为贪婪吗？你是否曾听说

过所谓“快速致富”的方法？你是否曾在这样的方法中跌倒？我就曾经有过。赚钱“过快”的方法往往是条死胡同。在过去几年里，我明白了寻求这样的“投资”永远不会使我变得富有。因为我们只看到贼吃肉，却没有看到贼挨打。有些人采用欺骗手段快速致富，使用恐吓战术贪婪地引诱他人上当受骗。我建议你不要像他们一样那么愚蠢，也不要采取这样的方法致富，否则你将引火烧身。要知道在监狱外面赚钱总比在监狱里面容易。你播种什么，你就将收获什么。致富的唯一方法就是做你热爱的事并为他人创造价值。财富是价值的创造，你服务的人越多，你的财富和效能就越大。如果你以前曾上过当，请不要自责不已，但是你必须从中收获成长，然后继续前行。

我也曾经历过那种日子。因为“贪”念起，想快速致富，一天输赢几十万元，甚至觉得工作的薪水微不足道。现在回想起来，就是对世间的“利”看不透，想一夕致富，甚而扭曲了价值观及人生观。后来我明白了一个道理：福报是修来的，财富是天定的，其不定的也就是“贪”财这么一个心。不修福怎么贪都没用，因为那是有漏福报。

把心定下来很重要，一个人只要尽其所能多创造价值，努力做好本分，这天定的财富是谁也拿不走的，反而会“多劳多得”。其实到这个时候，向往财富的心已经淡了，日子反而踏实，财富也自然会在稳定中聚积。快速致富，只是一个“贪”念作祟，与

“赌”无异，其过程是心惊胆战、患得患失、情绪波动，其结果常是血本无归、一贫如洗、性格大变。

因为“贪”和“贫”让越来越多的青少年走上了金钱犯罪的道路，故很多人认为“金钱是万恶之源”。我个人认为，贫穷、无知、贪婪才是万恶之源。人们常常说“男人有钱了就会变坏”，其实是金钱放大了人性的弱点。无知的代价永远是最昂贵的。如果你觉得教育的费用很贵，那就尝尝无知的代价吧。知识能对抗致富的两个敌人：风险和恐惧。真正使我们富有的不是金钱，是知识。

宣言

我接纳爱、健康和大量的财富涌入我的生活中。

金钱使我的生活充满乐趣。

金钱是一种造福社会的力量！

短暂的快乐

一间蜂蜜工厂的仓库里洒了很多蜂蜜，招来了许多苍蝇，而且因为蜂蜜太香了，它们都舍不得离开。不久这些贪吃的苍蝇因脚被蜂蜜粘住而飞不走了。当它们快溺死时，很难过地说："我们真是太贪心了，为了短暂的快乐却赔上了宝贵的性命。"

感悟

贪婪是一切祸乱的根源。经营企业，也应该本着诚信的原则，稳扎稳打地去做才能做大做好做强。

改变事情，先改变自己

如果你想要改变这种水果，你必须先改变它的根。如果你想改变可见的，你必须先改变不可见的。

——哈维·艾克（创富大师）

大多数人都想改变这个世界，但是很少人愿意改变自己。我经常在财商能量研讨会上问学员一个问题："在座的希望通过学习得到改变的请举手。"大家都举手了。我接着问："你们最想要改变的人是谁？"这时候大家就七嘴八舌地讨论起来，有要改变伴侣的，有要改变孩子的，有要改变公婆的，答案不一而足。我又问："请问成功改变了他人的请举手？"举手的人寥寥无几。我要跟大家分享的是：一心想着改变他人是不会产生任何持久性的意义的。改变他人你会得到失望，而改变自己则会得到成长。我们是通过不断学习，改变和提升自己，进而影响到别人做出自我改变。

如果事情需要改变，我必须改变。真正的精英是不断学习，不断适应，不断改造自己，而不是改变别人。我认为真正的成功者都是通过改变自己去适应社会，而不是试图去改变世界。

改变要从当下开始，现在就要下定决心，让自己置身于一种当下觉醒的状态能量中进行转变。我们的改变，从做出决定那一刻就开始了。很多人说要感谢我改变了他们的财务命运。事实上，我只是帮助大家的内在能量得到成长，给大家方法和技巧慢慢做出自我的转变。最终要不要改变，去不去行动，都是你的个人选择。

迈克尔·杰克逊有一首歌叫《镜中人》，谈论关于改变世界，但是不想改变镜子中的自己。无论你的生活发生了什么，你都只是茫茫宇宙中的沧海一粟。不幸的是，很多人都没有意识到自身的改变才是关键，而且总是因为他们不喜欢的结果而责备他人。

自我改变的关键是管理好负面情绪，比如敌对、愤怒、自负、伤心、不配拥有等，它们在你的生命中消耗很多。无法控制的负面情绪会消耗你的事业、金钱和人际关系。我建议你给自己种一个心锚，运用强力思考法把负面情绪转成正面情绪，认真反省和觉察自我，只接受让自己更有力量的想法。

要改变外在世界，首先要去改变你的内在世界。要改变有形的，首先要改变无形的。内在拥有，外在呈现。这个世界，看不见的东西的能量，远远大于看得见的。心智的成长可以一日千里，但是能力的提升是点点滴滴的。我们要多花时间和富有成功的典范在一起，学习他们这些看不见的东西——思想、观念、情感、精神甚至是灵魂，慢慢地走向富人的象限。学习像富人一样思考，学习像富人一样拥有强大的情感和精神力量，通过富足的内在创造真正的富裕人生。

宣言

我生命中的所有改变都是积极有利的。
如果事情需要改变，我首先必须改变。
我马上改变，我现在就去做！

让钱生钱

有一位挺普通的妇女，辛苦了几十年，好不容易让儿子结了婚，自己还留下了一笔积蓄。这位妇女却开始了解理财方面的知识。许多亲友劝她安分一点儿过日子，她始终不听。跑了无数次银行以后，她开始尝试做抵押贷款，再用贷的款买了套地段较好的房子，装修完后，出租出去，以每月租金来还付按揭，还有盈余。等钱攒够了，再将存单赎出来，然后房子越买越大，越买越好。收益可观。

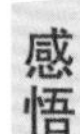

赚钱有许多方式，单靠赚钱不可能成为富翁，坚持理财才是通向“用钱而不为钱所用”的财务自由之路的途径。

我乐于付出，更擅长接受

我们给予多少并不重要，而是给予时你投入了多少的爱。

——特蕾莎修女（诺贝尔和平奖得主）

人们无法完全发挥其财富潜能的一个主要原因是自我价值不足和配得感不足，觉得自己不配接受。调查发现，富人自我价值高，是很棒的接受者，而穷人自我价值低，是差劲的接受者。穷人害怕损失，害怕自己不够好，害怕被拒绝，害怕犯错，害怕失败，他们内心的虚弱自然变成了财库的漏洞。大多数人在谈起财富和梦想时，心理都呈现出自己是不值得拥有的或是不配得到，所以，绝大部分人只能成为穷人或者中产阶级。

一次课堂上，有个学员问我："老师，为什么我平时付出的多，得到的少呢？"我问："你认为付出和得到这两者，哪个更有福？”他回答：“付出。”是的，大多数人都相信施比受更有福，以至于大多数人只问耕耘不问收获，不懂得去好好总结。事实上，施与受同样有福！只要出现一个给予者，就会有一个接受者，而每一个接受者的对面，都是一个给予者。我跟他分享了牛顿第三定律：作用力与反作用力。大部分中国人一味相信勤劳致富，却忽略了学习财商之道，学习金钱的运动规律，学习财富蓝图的战略规划。他们是典型的战术上勤奋，战略上懒惰。

从今天开始，我们要做个快乐的给予者，同时也要做个很棒的接受者。从今天开始，像富人一样思考，像富人一样行动。

首先，练习完全接受别人的赞美并拥有这个赞美。只要跟对方说“谢谢”，让赞美者感受到送出礼物而礼物没有被丢回来的喜悦。

其次，庆祝和感恩你得到的任何一笔钱，无论大小，无论何时何地。练习完全接受所有来到你身边的钱。比如我在抽屉中发现了一块钱，我会大声地说：“我是一块金钱的磁铁！谢谢！”让上天知道，我是一块金钱的磁铁，这一块钱就是证据。感恩和珍惜会让上天奖励你更多。穷人会把一块钱当成是一块钱用，富人会把一块钱当成是能长成参天大树的种子。

最后，每个月都用自己玩乐账户的钱滋养自己，奖励自己，让自己的身体和心灵得到养分。给宇宙传递一个信息：你很值得拥有，很丰裕，很富足，很喜悦，让宇宙嘉许这个财富频率。宇宙的工作就是为你创造更多的机会，让你得到更多。

宣言

我给予得越多，我收获的就越多。
我乐于付出，更擅长接受。
我是很棒的接受者，我相信生命有无限可能，
我开放地接受一切的美好进入我的生命中。

营业三小时

有一家饺子馆每天只营业三小时，但其效益却不是一般的店家所能比的。有很多国内外宾客慕名而来，吃客均赞不绝口。老板说，工作时间一长，人容易走神，饺子的风味也就变了，牌子就自然要砸了。所以，每天只能营业三小时。

感悟

财富不是靠蛮干得来的，而是要通过造“势”和敛积。

正确地提问

有质量的问题造就有品质的生活。成功者问更好的问题，结果，他们得到更好的答案。

——安东尼·罗宾

从我与人相处的经验来看，我意识到我们生活的结果与我们提的问题有关。给你举个例子：如果你问“我为什么那么贫穷”，你将得出一系列的答案，这些答案强化了你就该贫穷的原因。难道你不认为问“我该如何变得富有”会更好吗？你将得到一系列帮助你致富的答案。对于这个问题我的回答很简单：去向富人学习，必要时花钱学习。

问题的品质，决定了我们生命的品质。问题就是答案，问什么样的问题，就会得到什么样的结果。

什么是思考？思考就是问与答的过程。你看，问了一个“什么是思考？”然后答了一个“问与答的过程”，这就是思考。首先是问，有了好的提问，才能产生好的答案，才能完成一个好的思考过程。赚钱靠努力，赚大钱则是靠正确的方法与策略，正因如此，思考就是一切正确的方法与策略的起源。也就是说，赚大钱的人通常就是花时间思考一些有效的致富策略的人。

穷人通常会问你能够为他们做什么，富人通常会问他们能为你做什么。如果你想要某样东西或者某人的帮忙，最好的提问方式是：“在你为我做那件事之前我肯定能为你做的事是什么？”如果答案是什么事都没有，那么就问下一个人。如果你拥有了这些技能、知识和经验，你就能为许多人创造很多价值，同样的，他们也会为你创造很多价值。

当你面临一个投资机遇或者一次债务危机的时候，你会对自己说什么？会问自己一些什么样的问题？你是对自己说：“我能够支付得起吗？”还是问自己这样的问题：“怎么样我才能支付得起呢？”或者：“我们怎么样才能支付得起呢？我们怎么样才能发挥团队的力量来改变现况呢？”通过问自己一些类似的有深度的问题，我们的大脑就会给予我们苦苦寻求的答案。很多人习惯于问一些消极的问题，看到半瓶水时只看到瓶子的一半是空的，而不会认为瓶子的一半是满的。通过问自己这些正面而富有力度的问题，你就会培养出更有力量的财富心态。

致富之路从正确的提问开始，问对问题赚大钱。只要问题问对了，你就会得出正确的答案和结果，你就可以实现自己任何关于财富和生活方面的梦想。

宣言

我问的问题决定了我生活的结果。
有质量的问题造就有品质的生活。
我懂得正确地提问，问对问题赚大钱。

必坚商店

必坚商店是美国曼哈顿街上最冷清的一家店，别家大门敞开，可他家却大门紧闭。必坚商店里只有一个顾客，全世界50多个国家的王公贵人和巨富们都在这里买过东西。他家不需要很多顾客，只要每天伺候一位高贵的客人就够了。各种东西都是根据顾客特殊要求定制的，同时他家也为顾客保密，有些异样的神秘感与吸引力。

感悟

想要赚钱，就要有自己的独特性。有时候，你抓住一个顾客群体的共性，也就抓住了一个具体经营方法。

致富4A综合法

每个问题都有它自身的解决方案。如果你没有问题，那么你将一无所获。

——诺曼·皮尔（商业思想家）

借由对金钱崭新的认识和态度，加上制定合适的行动计划，并借助有效的评估系统，我们就能够实现自己的财富计划和目标。

制定自己的行动计划非常关键，这个计划将促使你全身心地去努力实现某些目标，从而提高自己生活的质量，并借助有效的评估系统来实现任何你渴望实现的东西。我们把这个实现财富的方法简单称为4A综合法。

第一个A是认识，Awareness。

第二个A是态度，Attitude。

第三个A是行动计划，Action Plan。

第四个A是有效的评估系统，Assessment System。

当你思考与探讨金钱的时候，你的心里是怎么想的？你的大脑是如何做出反应的？生活中我们真正喜欢的和追求的是什么东西？

你可以拿出纸笔，问自己几个基本的问题：

1. 什么是金钱？（写下你对金钱的观点）

2. 如果没有金钱会意味着什么？

3. 金钱对你有什么意义？

我相信通过这个小小的练习，你对金钱的认识会由肤浅变得深刻一些。没有金钱就意味着丧失了选择的权利，没有金钱就意味着丧失改善生活质量的能力。这不仅仅是针对你自己而言，也包括你的孩子和家庭。所以，金钱是美好的。你应该努力形成这样的认识。金钱是协助你实现所有美好愿望的工具。金钱给你提供了各种各样的选择，让你有更多选择的能力。现实中，金钱就是适应能力，就是机会，就是选择，甚至代表生存。

这种认识让我们更加积极地处理金钱问题。现在应该是把金钱当作是实现财务自由工具的时候了。金钱是一个工具，它可以让你按照自己的意愿来设计自己的生活。我们的大脑是如何操作的呢？你的大脑会对金钱产生各种各样的联想。当你经常处于缺钱的情况下或者把金钱看作是一种稀缺品的时候，你的大脑可能就会产生“金钱是万恶之源”等消极的联想和看法，你会认为金钱是一种你一直都在苦苦追求却永远都不能满足的东西。我们有很多人羞于谈钱论财，把钱财当成一个避讳的话题。我们被这些关于钱财的言语吓坏了，认为“这不是我应该谈的话题”或者“我只是在过日子而已，钱够用就可以了”。请问问你自己，这就是你接下来的十年、二十年甚至三十年要过的日子吗?

请照着上面讲的步骤去做。这将改变你的命运，让你找到自己的致富法则。

宣言

我总是有创造性和非凡的主意来解决问题，从而使我的收益最大化。

如果我能改变我的思想，我就能改变我的命运!

为生命画一片树叶

只要心存相信，总有奇迹发生，希望虽然渺茫，但它永存人世。

美国作家欧·亨利在他的小说《最后一片叶子》里讲了个故事：病房里，一个生命垂危的病人从房间里看见窗外的一棵树，树叶在秋风中一片片地掉落下来。病人望着眼前的萧萧落叶，身体也随之每况愈下，一天不如一天。她说："当树叶全部掉光时，我也就要死了。"一位老画家得知后，用彩笔画了一片叶脉青翠的树叶挂在树枝上。

最后一片叶子始终没掉下来。只因为生命中的这片绿，病人竟奇迹般地活了下来。

感悟

人生可以没有很多东西，却唯独不能没有希望。希望是人类生活的一项重要价值。有希望之处，生命就生生不息！

时刻准备好面对金融危机

成为财富战士，每天自我学习，认识清楚自己在做什么，为什么做，并制定计划如何去为之战斗！

——许静圆

世界变化的速度比以往任何时候都要快，而政府、企业和家庭日益感到难以跟上其变化的脚步。经济就是繁荣和萧条的循环。1987年美国股市大崩盘；1998年亚洲金融风暴；2008年的次贷危机，在全球范围内造成了几万亿以上的资产损失，波及股市、汇率、房地产、大宗商品等。这三次金融危机，全部是在虚拟资产、金融资产领域出现的大幅蒸发现象，而不是实体经济出现问题导致的经济危机。从这个金融魔咒看来，2018年左右同样可能会面临严重的金融危机。所以，记住八个字：避险为上，逐利为下。

很多人把金融危机和经济危机混淆了。

金融危机（Financial Crisis），是指与货币、资本相关的活动运行出现了某种持续性的矛盾。比如，票据兑现中出现的信用危机、买卖脱节造成的货币危机等。比如美国次贷危机。

经济危机（Economic Crisis），是指在一段时间里价值和福利的增加无法满足人们的需要。比如供需脱节带来的大量生产过剩(经济萧条)、信用扩张带来的过度需求等。

金融危机某种意义上只是一种过程危机，而经济危机则是一种结果危机。金融危机一般会伴随着经济危机的发生。

我强烈推荐大家看 2016 年获得第 88 届奥斯卡金像奖最佳改编剧本奖的电影《大空头》（*The Big Short*）。电影讲述了华尔街金融危机时四个性格怪异的男人抓住机会，从全球经济衰退中捞取了利润，同时他们还试图阻止全球经济的衰退的故事。电影一开始就问了关于 2008 年全球金融危机的一个非常简单的问题：华尔街没料到，美联储没料到，美国政府没料到，为什么少数的人能够预料它的发生？他们如何能看到其他人看不到的东西？很简单，因为他们看了 9 个方面的数据——政府债务、消费信贷增长、资产负债表赤字、央行资本、利率、银行资产负债表、泡沫规模、衍生品市场规模、不良贷款。将当前经济在这 9 个方面的数据与其在 2008 年时进行对比，你会发现在经历了 9 年后，它们是如此相似。

早在 2008 年，美国政府债务“只有”9.5 万亿美元。在 2018

年，美国政府债务会超过 21 万亿美元，会超过美国 GDP。它们不得不靠借钱来支付利息，而它们的整个养老基金处于破产的边缘。美国政府没有办法拯救包括自己在内的任何人。而美联储也没有在不造成重大的货币危机的前提下，印刷更多钱和扩大资产负债表的能力。美国的经济复苏很大程度上是金融泡沫的复苏。

你为一些重大事情的发生做好准备了吗？你看到许多企业正准备裁员了吗？你做好准备面对经济危机了吗？

这里有两种面对它的方式：一种是看着它然后恐惧害怕；另一种是从中看到机遇。

许多人会埋着头，像只鸵鸟一样，希望他们将平安无事。不管你喜欢也好，不喜欢也罢，这将会有一个连锁反应，在一个国家发生后可以影响世界范围内任何人。对此，有的人积极面对，有的人悲观害怕。如果你正拥有一份工作，我的建议是持续补充财商知识。问题就是机会，危机就是危中有机。在财富增值的同时投资自己和自我提升，那么在经济危机来临时你将根据目前处境的优势有更多的选择。

如何面对可能发生的经济危机？重点是：为所有的事情做好准备，而不是试图预测事情的发生。与其预测和讨论什么事会发生或者什么时候发生，不如踏踏实实打好财商知识基础，准备好用知识去解决问题。

宣言

我在财富增值的同时不断投资自己学习财商，因为我唯一且最重要的资产是我的大脑，一旦受过良好的财商教育，它可以转瞬间创造最大的财富！

独一无二的时装店

美国有个名叫“独一无二”的时装店，店里所有没有图案的衣服都可以加工。顾客花上几美元购得一件作为“原料”的白色圆领衫之后，如若灵感激发，想发挥自己的艺术才能，可免费使用这里的不褪色颜料和绘画工具，随心所欲地为白色圆领衫画图案。若自己不会，每件只需花费七八美元就可以请人代笔。最吸引人的是“自然创作”，就是在一个转盘上抹上颜料，将圆领衫铺在上面，再盖上玻璃罩，然后开动机器旋转，几分钟后即可取出圆领衫，一幅与众不同的佳作便制作完毕。因此，“独一无二”时装店每件衬衫上的图案都是举世孤品，独一无二。

感悟

消费者对个性追求的潮流，对小投资者开店颇有启示。

向犹太人学习财商

把你做的事情做得完美，下次就会有人再来，并带上他们的朋友。

——迪士尼

有话说：“世界大部分钱在美国人的手中，美国人的钱却装在了犹太人的兜里。”众所周知，犹太人是世界上财商最高的民族，占美国人口仅为3%的犹太人却操纵着美国70%以上的财富。犹太人虽仅有1600万人，占全球人口不到0.25%，却获得了近25%的诺贝尔奖。爱因斯坦、弗洛伊德、马克思、冯·诺依曼等闪耀历史的天才都出自这人数不多的民族。在商界里，美联储前任主席格林斯潘，全球外汇、商品和股票投资家索罗斯，“股神”巴菲特，摩根家族，洛克·菲勒家族，罗斯柴尔德家族都是犹太人。毫不夸张地说，世界金融中心——美国华尔街是由犹太人掌控的：华尔街 80% 以上的投资产品是犹太人发明的，华尔街所有做市商也全是犹太人。进一步放眼看去，犹太人几乎掌握了整个世界的金融命脉。可以说，犹太人就是“华尔街的大脑”。

犹太人非常重视财商的培养，我们应该像犹太人一样发掘自己的财商潜力。拥有高财商，不仅可以让你懂得如何更好地创造财富，同时还能够让你知道在遇到财富机遇时，应该如何去抓住它。并不是每个犹太人都有钱，但每个犹太人都注重掌握财商的智慧，积极追求财务自由。

犹太人的惯例就是财商教育从娃娃抓起：3 岁就开设家庭理财课；5 岁明白钱是劳动所得，并能进行货币交换活动；8 岁就能想办法自己挣零花钱。

在犹太人的财商教育思维里面，个人的一生是其规划的范围，个人追求、个人资源都有理性规划，其最高目标是幸福的一生，财商是其规划的总体理论。所以，他们的财商教育值得全世界学习。我们从犹太财商教育的精髓思想中，归纳出青少年财商教育的三个方面：掌钱能力、赚钱能力、财富知识。

钱是上帝的礼物。犹太人对于金钱似乎有天生超凡的敏锐，他们自称：“我们是上帝的管家，人类的金钱应由我们来掌管。”要管理好大钱，首先要管理好小钱。从小管理好小钱，长大了才能管理好大钱。要做大买卖首先要具备做小生意的能力。在你没有呈现出能管理好现有财富的能力时，你无法拥有更多。富人都很会管理他们的钱，都有良好的理财习惯，而穷人却很会搞丢他们的钱。记住：良好的理财习惯比拥有的金钱数额大小更重要。不是“等我有钱了，我就会理财了”，而是从现在开始学习财商和理财，我们就会慢慢变得有钱。

宣言

我总是创造超乎我想象的价值。

我赋予人类更多的价值，我就一定会富有！

企业家就是帮助社会排忧解难的人！

犹太人的应聘智慧

美国和前苏联成功地进行了载人火箭飞行之后，德国、法国和以色列也联合拟订了月球旅行计划。火箭与太空舱都制造就绪，接下来就是挑选太空飞行员了。

工作人员对前来应征的三个人说：“谈谈你们要求的待遇吧。”

德国人说：“我的要求是3000美元。1000美元留着自己用，1000美元给我妻子，还有1000美元用作购房基金。”

法国人接着说：“给我4000美元。1000美元归我自己，1000美元给我妻子，1000美元归还购房的贷款，还有1000美元给我的情人。”

最后以色列人则说：“我的要求是5000美元。1000美元是给你主考官，1000美元归我自己，剩下的3000美元我们一起雇德国人开太空船上天！”

感悟

从这则笑话中我们可以感受到，德国人是专业而理性的，法国人则是既浪漫又理性的，而犹太人是不论身处何地，他们都能够理性面对一切，因为他们知道专业的活必须由专业的人来承担，法国人和德国人都很专业，但比较而言德国人却具有更好的职业操守并且报价也更具吸引力。由此可见，犹太人不论他们从事的职业是科学家、银行家、企业家还是政客，他们首先拥有的是一个商人的头脑。

善用资源

精明的商家可以将商业意识渗透到生活的每一件事中去，甚至是一举手一投足。

——李嘉诚

世界上的资源是否是稀缺的？答案显然不是。地球上的资源足以让每个人都成为百万富翁，但为什么不是每个人都是百万富翁呢？

如果你想成为富人，我的问题是：你足够足智多谋吗？很多成功的企业家都经历过破产，但是，他们又爬了起来，还比过去更成功。因为他们足智多谋，因为他们拥有企业家最重要的能力。中国前首富王健林经常卖弄他喜欢的歌曲《一无所有》。对的，真正的企业家，不害怕一无所有。古今中外，大多数千万富翁、亿万富翁，像比尔·盖茨和巴菲特，像马云和许家印，他们都是从一无所有开始。某种程度上他们足够足智多谋地去找到更多的资源然后帮助他们攀上高峰。

我相信所有我需要的资源对我来说都是可能的。我会为我每次面临的挑战找到解决方法。我会寻求不同导师的建议，我会阅读相关书籍，我会参加研讨会或询问有经验的人。我获得了那些知识后，会运用它来应对我的挑战。如果第一次没有成功，我会回去再次寻求导师的帮助或咨询专家，看看我如何做才能战胜挑战。在没有找到解决方法之前我是不会放弃的。

令人惊奇的是，只要你掌握了这个本领，你就可以反反复复地去做同一件事。只要你知道如何在一年内成为百万富翁，你就可以反反复复、年复一年地去做这件事。这个挑战就在于你要走出舒适区，然后看看6个月内你是否能做好这件事，然后是3个月、1个月甚至1天。这看起来触不可及吗？难道很多公司不是这样赚钱的吗？

如果你有资源但是不够足智多谋去运用资源，你的资源将会流失。大多数百万彩票中奖者如果不够足智多谋让钱生钱的话，他们很快就会把钱花光。

每个人都拥有使自己成功快乐的所有资源。每个人都有过成功快乐的经验，也就是说已拥有使自己成功快乐的能力。每天遇到的事物，都有可能带给我们成功快乐的因素，取舍全由个人决定。有能力替自己制造出困扰的人，也有能力替自己消除困扰，不相信自己有能力或有可能，是使自己得到成功快乐的最大障碍。

请停止为自己没有成为富人而找借口。相反，要走出舒适区，机智地去寻求不同的解决方法。蒲松龄的名联有言：“有志者，事竟成，破釜沉舟，百二秦关终属楚；苦心人，天不负，卧薪尝胆，三千越甲可吞吴。”当你有一个非常有说服力的原因，有了清晰而强大的动力，世间将再无难事。

宣言

我有创造力、足智多谋、适应力强。
在金钱游戏中，我选择就是要赢。
我会一步步实现财务自由和人生梦想！

巧克力的定价

日本森永、明治两家企业生产同样规格的巧克力，经营相当。后来，森永推出了针对普通消费群的大块巧克力，每块70日元，由于适合市场需求，风头一时无二。明治后来也推出了新的产品，不同的是，他们的产品划分得更细，分为不同档次：40日元、60日元、100日元。这样一来，他们的产品覆盖面更广，很快就打败了对手森永公司。

感悟

定价定天下。面对强劲对手的竞争，用更加完善的方法主动出击，打退对手。

转变你的财富蓝图

> 如果你真的想要赚到钱的话，培养一个有钱人的脑袋，给自己安装富人的思维比什么都重要！
>
> ——许静园

不知道你有没有跟我过去一样的经验，好像赚了很多钱，但就是没有留下多少钱？我自己以前是个学霸，读了很多的书，也拥有各种证书和很高的学历，其实像我这样的书呆子，大部分都成为了有才华的穷人。直到2009年我在新加坡学到了这套世界级的财商系统，我的人生才完完全全得到了转变！

富人都比穷人更聪明吗？富人都比穷人学历更高吗？富人都比穷人知道得更多吗？

不一定！富人不见得比穷人更聪明，但富人比穷人拥有更好的理财习惯，他们想的跟穷人不一样！重要的不是你赚了多少钱，而是你留住了多少钱，还有把钱留住了多久。

事实上，只要给我五分钟，我就能预测你今后人生的财务状况。我是怎么做到的？方法很简单，我能通过一个测试看穿你的财富蓝图的各项指标。我们每个人的潜意识里面都有一套自己的财富蓝图，就是这个财富蓝图在决定着我们未来的财务状况。你可以成为一个成功的商人，某个行业中的领头羊，通晓房地产投资，各种金融衍生品的操作，等等。但是，如果你潜意识里面的财富蓝图标准设定得不够高，即使你再成功，也难以真正积累大量财富。就算偶然发财了，也很难留住财富。

举个例子，唐纳德·特朗普的大名你应该听过，他是美国现任总统，同时也是亿万富翁。尽管他曾经破产，并且一败涂地，负债9个亿，但是他又东山再起，甚至在两年后事业比以前更成功。为什么？因为他的财富蓝图设定在获得很高的成就。反面的例子也很多，比如中彩票的那些暴发户，他们一夜之间得到很多钱，几年后往往就被打回原形。为什么？因为他们的财富蓝图是设定在比较低的标准。

好消息是：财富蓝图的设定是可以被改变的。

那么你的财富蓝图又是怎么设定的呢？是设定为成功、中庸还是失败呢？是设定为钱够用就好了，赚钱很辛苦的很累的，还是富中之富的人生？是设定为废寝忘食地工作，还是设法取得平衡式成功的人生？是很会管理你的钱，还是很会搞丢你的钱？你的人生就像是溜溜球，一下蹦到高点，一下又掉到低谷，这种感觉你懂的。

你是选择成为高收入的富人，在财务泥潭中挣扎的中产阶级，还是低收入的穷人？致富是一门科学，富有是一种选择，富有是一种责任，因为一旦你成为富人，你就能帮助到更多人。你的财富就是一种造福社会的力量！

要怎么知道自己的财富蓝图设定呢？很简单，看看你现在的外在的财务状况就知道了。你外在世界的所有财富是你内在世界修养的一种呈现。这样说好了，你要改变你房间的温度，就要改变你房间空调的设定。要改变你外在的财务状况，就要改变你内在的财富蓝图设定。

宣言

我的内部世界创造了我的外部世界。

我要觉察自己的思想，只接受那些给予我力量的想法。

我拥有亿万富翁的头脑。

服装设计大王

华裔加拿大人沈云门是毕业于法国巴黎名牌服装学校的高才生，但是他创业开的服装店顾客却很少。为了解决这个问题，他开始深入调查。他发现，当地妇女多为职业女性，她们对服装的要求是，美观实用又能体现个性身份。于是，他就站在这一客观立场去设计制作，他设计制作的服装果然大受欢迎，当地的女人们都称他为“服装设计大王”。

感悟

通过深入调查消费者的需求及消费习惯，才能推出适销对路的产品和销售方法。

庆祝成功日：持之以恒——财富积累是一场马拉松

成大事不在于力量大小，而在于坚持。
——塞缪尔·约翰逊（《英语大辞典》第一人）

恭喜你，通过了50天的训练，成功给自己安装了富人的思维。我希望你能把本书中分享的财商知识运用到工作、生活中，为自己创造更多的价值和财富。

接下来的工作是继续专注于你的财富净值。真正的财富是你的财富净值，而不是工作收入。要累积财富净值，你就要努力增加你的收入、存款和投资回报，并且简化生活，降低负债和降低生活开销。注意力所在的地方，就会有能量流动，也就会出现结果。建议你拿一张白纸写上“净值”两个字，画上一条线，一端写上零，另外一端写上你的净值目标，然后每三个月追踪一次净值目标，然后修改净值目标。根据注意力的方向产生成果，你所注意的事情会变得越来越大。所以，持续这个做法你就会发现自己的净值不断地扩大，同时变得越来越富有。

如果人们懂得分析财务报表是如何运作的，他们就能更好地控制和管理自己的钱。把自己带进财商知识的世界，花时间去理解金钱的语言，做财务报表的分析。我们正在学习一个新的科目——财商，学习这些新的财务知识就如同在学习一门新的外语。财务知识不是一门深奥的科学，财商的重点是要养成良好的理财习惯，成为一名卓越的金钱管理者。行动不难，但是坚持很难！人有两大动力，一个是追求快乐，另一个是逃避苦痛。而坚持最好的方法就是找到乐趣。学习金钱规律，享受赚钱乐趣。在金钱游戏中，我选择就是要赢。如何赢？就是把这个金钱游戏持续下去，直到你实现了财务自由和人生梦想！因此，在达成以上目标之前，快乐地坚持良好的理财习惯是非常必要的！

丘吉尔说："我从不担心行动的危险，我更担心不行动的危险。"所以，请不要恐惧，要勇敢地去追逐梦想。永不言弃！

如果本书的财商知识给你创造了价值，我希望你也能和你的朋友分享，改善更多人的财务健康状况。一个人成功取决于能付出多少，能帮助多少人成功！请牢牢记住，当每个人都可以提升自己，将自己变得更好的时候，整个世界才会提升起来。

宣言

我致力于不断学习和成长。

我专注于建立我的财富净值。

行动是连接内在和谐与外在富有的唯一桥梁！我每天都朝着目标采取积极的行动。

当止则止

有一年夏季，东北一条商业街上，紫红色抛光的“查里牌”女皮鞋卖得挺火，一条街上，几家鞋店都进了不少。见此情景，新红叶店张老板马上提出：我们要适可而止。从现在开始不要进，马上换别的鞋。结果，那些盲目的店家都积压赔钱了，而张老板的新货还是旺销的。

感悟

物极必反，凡事均有其限度，钱不是在一个地方可赚够的。

附录　卓越父母掀起财商教育的浪潮

都说富不过三代。现代年轻人乱花钱的现象屡见不鲜，月光族、啃老族、房奴、车奴、卡奴等等人群层出不穷，就家长们关心的几个有关财商的问题，我们对“青少年财商教育中国第一人”许静圆老师作了专访。

问：为什么选择财商教育工作？

答：什么是财商？财商包括正确认识金钱及金钱规律的能力，还有正确运用金钱及金钱规律的能力。我们已经提前进入了知识经济时代，金钱并不能使我们富有，使我们富有的是知识。金钱是有力量的，但是更有力量的是有关财务的知识和财商的教育。

我过去在国外学习和工作，发现自己读了很多书却和很多其他高学历的学生一样成为了“有才华的穷人”。很多发达国家的财商教育已经发展得很成熟了，比如新加坡和英国。但是，中国在这一领域却还是空白和不受重视。只追求学术教育和职业教育，忽视最重要的生存能力——财商教育。我们的孩子毕业的时候真的准备好去面对这个真实的社会了吗？于是我 2011 年从新加坡回国和林青贤院长共同创办了七项能力系统，我决定用一生的精力从事财商教育事业，目的是培养中国的孩子成为拥有国际视野的富人，富民强国。

问：如何培养孩子正确的金钱价值观？

答：财商教育是孩子美好未来的基础保障，不正确的价值观主要源自于财商教育的缺失。因为很多父母不懂财商，也没有教导孩子财商，孩子可能会受到不良网络和电视中不正确的金钱观念影响。比如“奸商奸商无奸不商”或“富人的钱是通过不正当的手段赚来的”等等，让孩子误以为成为坏人会更容易得到钱，才会出现之前北大学生弑母的事件，利用妈妈的名誉借款 140 多万潜逃。90%以上的青少年犯罪都和金钱有关，对金钱的认识都有不同程度的扭曲。所以，培养孩子正确的金钱价值观，就是要培养孩子正确认识金钱及金钱背后规律的能力。所以，财商教育是综合生存能力的教育，是行为的教育，是品德的教育。

问：孩子和父母的财商应该如何启动？

答：首先要意识到财务知识和财商不是一门深奥的科学，人人都可以学会。我们都可以选择成为富人，关键是要用到正确的方法和科学的教学系统。财商精神导师富勒博士说过，学财商就像是学习一门语言。学英语从什么开始，学财商就怎么开始。开始设定孩子要学习的财商词汇，如资产、负债、财务报表等。多用游戏的方式教学，适当降低梯度，多画图，少用深奥的文字。我的使命是：改善我们的财务健康状况，让财商教育变得易学易用，有效有趣！

问：如何用有限资源培养孩子财商？

答：很多家长说："我现在没有钱，怎么理财？等我有钱了，我就会理财了。等我有钱了，我就会做慈善了。"事实上这是匮乏的心态，其实是从现在开始学习财商和理财，我们就会变得有钱。我们都拥有帮助孩子提升财商的所有资源，如家里的存钱罐可以购买，也可以自己动手制作。学习使用零花钱协议、零花钱计划、理财目标、记账本、分账户管理钱等系统工具。孩子们从小管理好了小钱，长大了才能管理好大钱。从小钱做起，让孩子为梦想储蓄。重要的不是你赚了多少钱，而是你留住了多少钱和如何分配金钱资源。良好的理财习惯比你拥有的金钱数额大小更重要。

问：如何破除陈旧的金钱观念？

答：为什么穷人越来越穷，富人越来越富有，中产阶级总是在债务的泥潭里面挣扎？原因是我们对金钱是怎么回事、对金钱的观念认识，不是来自于学校，而是来自于我们的父母。我们的父母生活在工业时代，侧重追求安全感和职业保障，认为职业保障和社会福利比孩子的事业梦想更重要！但是，当今时代稳定的工作越来越少了，社会变幻莫测，人生潮起潮落。在今天的知识经济时代，你最大的优势就是接受过良好的财商教育，因为财商教育从来没有像今天这样对我们的生活产生如此深刻而广泛的影响。

问：你对财商培养有什么建议和呼吁？

答：很多人跟我说生意越来越难做了，都是经济危机惹的祸。其实不是经济危机，而是教育危机！学校和父母都没有教导过我们有关金钱的知识和它背后的运动规律。

社会贫富差距越来越大，捐钱和慈善真的就能从根本解决问题吗？这只会让穷人更依赖别人！

授人以渔而非鱼，把财富留给孩子，不如把孩子培养成财富！我们父母要首先带头学习财商，做好榜样的力量，改善我们的财务健康状况，一起提升中国人的财商，实现富民强国的目标。这是我们大家共同的责任和使命，我们的孩子未来才有更好的选择权利！

致谢

首先，谨向所有已成为我们生命一部分的人们深表爱和谢意！在这里我们有太多的人需要提及。

感谢林青贤院长等“爱自然生命力”体系的所有家人朋友给我们的指导和支持。感谢你们对我们的信任，没有你们的鼓励，就不会有我们今天的成果。

感谢我们的父母无条件的爱和支持，是你们鼓舞着我们不断向前。

感谢所有出色的财商学员们对我们的教学充满信心。

最后，感谢所有以任何一种方式经过我们的人生和影响我们生命旅程的人们。

感谢大家对我们财商经验积累的贡献，使这本书成为了可能。